问渠那得清如许

新时代南通治水精神实践

外文出版社
FOREIGN LANGUAGES PRESS

本书编写组

组　　长：徐仁祥
副组长：赵国庆　何晓宁
成　　员：李昌森　黄俊生
　　　　　曹璟如　王春燕
　　　　　蒋美琪

前言

2019—2021 年,是南通治水的突破之年、创新之年、收获之年。

在中共南通市委、市政府的领导下,全市上下按照"系统化思维、片区化治理、精准化调度、长效化管护"的思路,以"确保每一条问题河道都能找准病因、确保每一个整治方案都能对症下药、确保每一项治理方案都能切实可行"的严谨作风,高质量推进区域水环境的治理工作,取得了实实在在的成效。并由此产生了新时代南通治水精神:争先豪情、克难勇气、科学态度、创新思维、实干作风。

《问渠那得清如许——新时代南通治水精神实践》一书多角度、多层面地实录了南通治水的艰辛过程和治水精神产生的时代背景以及对全市各行各业工作的推动。

全书分为十大章节：

击水安澜，治水除患的历史印迹

破茧成蝶，运筹江河的惠民工程

活水畅流，科学创新的可贵实践

水清岸美，系统治水的生动写照

保护长江，争创上游的南通速度

绿色发展，嬉江揽山的生态修复

凝心聚力，同奏治水的辉煌乐章

治水精神，高质发展的精神动力

奋力打造，全域治水的南通典范

媒体聚焦，南通治水的巨大蝶变

南通的治水实践充分呼应了习近平总书记视察南通时的首肯和鼓励：幸福，是你们亲手建设出来的，是大家一起奋斗出来的。

目录

水岸同绿任鸟飞

引 言

时间：2020 年 11 月 12 日

地点：五山滨江片区

提要：西临长江，北至滨江公园，南至裤子港，岸线全长约 7 公里，占地面积约 125 公顷，通过整合裤子港河至滨江公园沿江岸线慢行系统及生态系统，建设成开放式滨江带状公园和滨江生态廊道。滨江公园是南通建在长江边的第一座公园，拥有长江岸线 1080 米，这里曾是历史上水患频发的地段，史称二十八丈。经修复、提升、拓展，五山滨江片区成为泄洪除涝、观光览胜、自然生态、体育休闲、文化展示等复合功能的滨江生态廊道。

这是个阳光灿烂的日子，习近平总书记视察江苏，第一站就来到南通，来到这里。

长江万里，奔腾不息，五山林立，喜迎嘉宾。

总书记听取了五山及沿江地区生态修复保护、实施长江水域禁捕退捕等情况介绍，详细了解了南通推进长江下游岸线环境综合治理情况。总书记兴致勃勃地沿着江边步行，仔细察看生态环境的保护情况。

江面辽阔，波光粼粼，江面上轮来船往，水运繁忙。

总书记深有感慨地对在场的干部群众说："我在1978年来过五山地区，对壮阔的长江印象特别深刻。这次我来调研长江经济带和长三角一体化发展，专门来看看这里的环境整治情况。过去脏乱差的地方，已经变成现在公园的绿化带，确实是沧桑巨变啊！这样的幸福生活，是你们亲手建设出来的，是大家一起奋斗出来的。"

总书记的话，令人振奋，倍受鼓舞。

江海儿女亲手建设，共同奋斗，换来了水清岸美、绿色发展的幸福生活。

南通滨江临海，河道纵横，水网密布，水利向为治郡安民要事。古代，历任官吏筑堰修坝，挡潮防涝。近代，张謇、特莱克筑楗保坍，节制泄洪。中华人民共和国成立之初，百废待举，南通率先集中力量，抢险复堤，辟地开河，并港建闸。随后，经过数十年的艰苦奋斗，初步形成洪、涝、旱、咸综合治理，水利、航运、水产、造林综合利用，大、中、小工程相结合，能挡、能排、能引、能蓄、能控的新型水利体系。

跨入新世纪，南通在农田水利建设、江海堤防达标、水利工程修造、水政资源管理、水利综合经营等方面取得了令人瞩目的成就，逐步实现了传统水利向现代水利的根本性转变。

步入新时代，南通经济与社会发展对水利事业提出了新的、更高的要求。南通水利如何立足新发展阶段，贯彻新发展理念，构建新发展格局，既是新形势下的新机遇，又是新机遇中的新挑战。南通坚持问题导向，敢于直面"达标滞后、进展缓慢"的现实，"闻过而终礼，知耻而后勇"，以更广视野谋划，更高目标定位，聚焦水资源、水生态、水安全三大任务，把水利的高质量发展作为转型升级、破解瓶颈的根本。

任务艰辛，困难巨大，时间紧迫。在准确地把握市情、地情、水情的基础上，南通适时提出了"系统化思维、片区化治理、精准化调度、长效化管护"的治水新思路，开辟"控源截污、水系连通、内源治理、活水治理、生态修复、长效管理"的治水新路径，全面实施由主城区进而面向全市区域水环境治理工程。

无论是酷暑，还是严寒，无论是刮风，还是下雨，都能看到治水人在现场紧张而忙碌的身影。

他们认认真真地干，踏踏实实地干，勤勤恳恳地干，彰显了治水人"忠诚、干净、担当"的可贵品质和水利行业"科学、求实、创新"的价值取向。

南通的治水实践充分应验了总书记的首肯和鼓励：是你们亲手建设出来的，是大家一起奋斗出来的。同时，也催生了新时代的南通治水精神——争先豪情、克难勇气、科学态度、创新思维、实干作风。

问渠那得清如许，为有源头活水来。

聚焦南通畅流活水的日日夜夜，塑造的是治水的形象，彰显的是治水的情怀，展现的是治水的精神，昭示的是南通治水的梦想和希望。

第一章

击水安澜

治水除患的历史印迹

生态江岸

捍海长堰在江海大地上延伸

时间：1024 年

地点：范公堤

提要：范仲淹主持修建了从盐渎到东台沿海百把公里的大堤，堤高 5 米，堤底宽 10 米，堤面宽约 3 米，堤外用砖头、石头围衬，堤内种柳植草，加固堤防。

宋代天禧年间，范仲淹到泰州西溪（今东台）担任盐仓监。他曾亲历海潮冲击、庐舍漫没、田灶毁坏、家破人亡的惨景，他紧急上书泰州知州张纶，建议急速修建捍海堰，以救万民之灾。时有人责范仲淹"越职言事"！也有人以海堰难以排水、极易出现积潦而反对。范仲淹据理力争。

熟知水情的张纶权衡利弊，说"涛之患十之九，潦之患十之一，筑堰挡潮利多弊少"，力挺范仲淹修筑捍海堰。

1024年，范仲淹征得士兵民工4万多人。时值隆冬，雪雨连旬，加之潮势汹涌，扑岸而来，没有经验的兵夫，因惊慌失措，四处逃散，慌乱中陷入泥污，淹死200余人。有人便趁机上书朝廷，朝廷只好暂行停工，并派淮南转运使胡令仪去实地调查。其实胡令仪深知海堰对农田、盐业和老百姓生命财产的重要性，便与张纶联名上奏，并获准继续开工。

堤成后，两岸居民受益显著。"来洪水不得伤害盐业，挡潮水不得伤害庄稼"。原先葭苇苍茫的荒地，又长满绿油油的庄稼。外出逃荒的两千多盐户，陆续回归故里，盐业兴旺，百姓得以安其生，盐业、农灶两受其利。海堤沿途军民无不尝到防潮的甜头。

《范堤烟雨》

拾青闲步兴从容，清景无涯忆范公。

柳眼凝烟眠晓日，桃腮含雨笑春风。

四围碧水空蒙里，十里青芜杳霭中。

踏遍芳龄一回首，朝暾红过大堤东。

——清代高岑

范公堤的作用被历代廉正官吏所共识，纷纷作为他们任期内的一项保民安邦之举而加以修缮，使得范公堤得以维护和扩充，逐渐向南北延长。

宋宝元间（1038—1039），通州判任建中，筑堤州城西五里以障江潮，袤二十里，称任公堤。

宋庆历间（1041—1049），通州知州狄遵礼修海堰，称狄公堤。

宋至和间（1054—1055），海门知州沈兴宗因为海涨害民，筑堤七十里，西起余西，东至吕四，称沈公堤。

宋淳熙四年（1177），泰州知州魏钦绪修复捍海堰，并自桑子河口南增筑三十五里。

明隆庆三年（1569），通州盐判包柽芳筑堤自彭家缺直接石港，称包公堤。

清乾隆四十年（1775），海门同知徐文灿筑海门天补镇西至通州川港镇东的江堤二千一百八十丈，名徐公堤。

范仲淹雕像

此时的海堤已北抵阜宁，南达吕四，连成一线。在历代修建的海堤中，以范仲淹建成的海堤最为壮观。后人为纪念范仲淹，就把整个

范公堤

苏北沿海大堤统称为范公堤。

斗转星移，沧海桑田，随着海滩的不断东延，范公堤早已完成历史使命。但范公修堤的壮举与其"先天下之忧而忧、后天下之乐而乐"的千古名言，却永留江海大地。他首倡的"忧乐观"，成了历代治水人的宝贵精神财富。

日落下的九圩港

筑楗建闸在保圩治水中显效

时间：1911 年—1923 年

地点：南通

提要：张謇享有"治水状元"的雅号，来历有二。一是张謇参加科举考试，曾 3 次遇到关于治水的命题：光绪五年七月会试，论题为《江苏水利》；光绪十二年三月礼部会试，论题为《河工》；光绪二十年（1894）五月，张謇参加殿试，论题为《水利河渠要旨》。张謇功底扎实，才华出众，均取得了好成绩。二是他的治水功绩，对南通水利事业发展作出了不可磨灭的贡献。

张孝若曾称："我父一生有几件很有研究很有心得的大政策，他以为治国福民的事，河工水利是一件。"

南通县水利会开幕旧照

南通滨江临海,受江水冲刷,南通每年约有5000亩农田坍入江中,沿江地区"大好田庐年复一年沉沦于洪涛巨浸中"。1908年,张謇出资3000多银圆,聘请上海浚浦局总工程师荷兰人奈格来通查看江流,设计保坍方案。

1911年4月,在张謇主持下,南通保坍会成立。1914年6月,南通召开了一次盛大的水利学术研讨会,邀请中国河海总工程师贝龙猛以及荷兰、瑞典、英国、美国等水利专家共商南通沿江保坍方案。经会议商议决定,保坍工程采用修坝和筑楗双管齐下的方法。

1916年3月,张謇聘请荷兰水利专家特莱克为驻会工程师,开始建筑沿江水楗。兴工历时10余年,到1927年止,在南通沿江共筑楗18座,楗与楗之间相应的岸墙工程约18华里,使南通沿江一带岸线逐渐趋于稳定。

在筑楗保坍的同时,还兴建了11座水闸、9座涵洞,整理运盐河6处,开浚下游入江入海港口9处,疏浚任港、九圩港等18条,疏浚了护城河濠河及四周水系。

约翰斯·特莱克来通勘察后提出，以芦柴绑扎成排，将块石竹篓压在柴排之上，一层排一层石块，椎根和江岸连接，椎头垂直伸向江中。这就是沿岸有名的水椎，又称丁坝。

张謇

1921 年，张謇撰写的《南通水利已办工程及未来之计划》一文详细记述了 1918 至 1921 年间，南通实施的 15 项水利工程情况，其中有 7 项工程在通州境内。投资用银最多、建设规模最大的一项工程，是新建的遥望港九孔大闸，用银 139600 余两，分泄西亭、骑岸、金沙、余西、余中、余东六区之水，每秒放水 120 立方米。

1923 年，张謇又主持制定了《南通水利计划书》，对南通水利建设作了科学规划。至今这些水利设施还在发挥作用，为南通几代人带来福祉。

张謇还与张詧联合江导岷、徐国安等人募集资金 50 万银两，筹办大有晋盐垦公司，在三余地区进行大规模开垦，围圩海堤 27 余里，垦殖面积 33 万多亩，

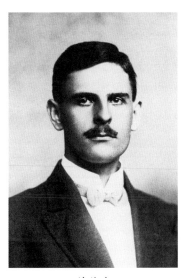

特莱克

张謇在水榿工地现场

分成12个垦区，每区分成9框，每框分成4排，每排分成20土窑，每土窑长80丈，阔18丈，每土窑之间开挖有南北走向的泯沟，每4排或两排之间开挖有东西走向的横河，这样沟河交叉成网，土地方整。涝能排，旱能灌。直至今日，这些河沟水利工程仍在发挥排灌功能。

通过这一系列水利工程的实施，南通城四周以及境内各县，尤其沿江沿海地区，保证了挡潮泄洪，河道供水、排水通畅，对当地农业生产、居民生活带来十足的便利。

白龙湖

水利建设在时代前行中发展

时间：1957 年—2015 年

地点：南通

提要：新中国成立后，百废待兴，南通率先集中力量，抢险复堤，防洪抗旱。1954—1960 年间辟地开河，引江灌溉。南通先后出动 88 万人次，开挖九圩港、通吕运河等 7 条引江干河，建成九圩港闸、节制闸、碾砣港闸等。1960 年冬，贯彻执行中央对国民经济"调整、巩固、充实、提高"的方针，在治水实践中，逐步摸索出一条比较符合南通实际的道路：南倚长江引水有来源，环绕江海排水有出路，并港建闸筑堤挡得住，遍地机电排灌灌得上。1979—1990 年，在全市范围内建立以江海洲堤和里下河圩堤为主体的防洪工程体系；以沿江沿海水闸、一级河、二级河及中小水闸为骨干的除涝工程体系；以九圩港等引水口门、一级河、一电灌站等构成的防旱工程体系；以田间一套沟、丰产沟、小型涵闸、防渗渠以及地下暗管、暗墙为基础的防渍工程体系。

九圩港河是人工开凿的运河，南起长江，东入黄海，途经南通市港闸、通州、如东等地，全长约 46.6 公里，最宽处约 300 余米，最窄处不足百米，是南通市境内最重要的一条人工运河。

1957 年 11 月，南通、如东、如皋、海门、启东五县共抽调 14 万民工，为河而战。那时生产力水平低，谈不上机械化，全是靠手挖肩挑的民工人工作业。

1958年九圩港闸建设工地劳动场面

工地上红旗飘飘，喇叭里歌声嘹亮。为加快速度，工地上成立了各种竞赛组，看谁挑得多，完成任务快。"呼啦啦红旗正飞扬，颤悠悠扁担起波浪，喊声四起跑得快，队队组组竞赛忙"。工地上人来人往，挑着沉重的担子，快步如飞。好一个你追我赶的火热场面，编织起"激情燃烧的岁月"。

做闸塘是最危险、最艰巨的工程。大坝外就是长江，闸处的河最深最宽，开挖难度最大。这里不分昼夜、轮班作业。白天工地上是黑压压的人群，到夜里用汽油灯照明，夜班接着白班干。有的肩挑，有的用独轮车，两人一伙，一个推一个拉，一天要拉40多车。

闹饥荒的年代，河工一天也只有六两粮，只好加萝卜、白菜一起煮，油水少，很难填饱肚子。从二三百米宽的河底，再爬十几米高的泥堆，来来回回挑呀推呀，要消耗多少体力、流下多少汗水？消耗大、营养跟不上，有的人就饿倒在工地上。

淮海大战是用小车推出来的，九圩港是用肩膀挑出来的。河岸上红旗招展，十几米有一个大喇叭，滚动播放着《解放区的天》《没有共产党就没有新中国》等激动人心的歌曲，号子声和着旋律，肩上的担子好似变轻了。

经过550多个日日夜夜的艰苦奋斗，九圩港河终于修成了。九圩港有40个闸门，每孔5米，南侧的老船闸又新建了大船闸。设计流量为每秒引水1540立方米排水1900立方米。它接通如泰运河，伸向江海平原深处，灌溉着345万亩农田。

过去是"遇旱不能灌、遇涝不能排"，十年九荒。开好九圩港的当年，正逢大旱，开闸放水，保住了水稻、棉花的正常生长。第二年又遇水灾，大闸不停地排涝，保证了农田不淹。老百姓夸九圩港河为"小长江"，"看到稻子黄，想起九圩港，吃到白米饭，不忘共产党"的民谣在这儿广为流传。

开闸放水的那一天,一位老领导感慨地说:"这大闸引进的是大江的水,九圩港河流的却是14万民工的汗水,流的是沿途几百万老百姓的救命水。"

时任江苏省水利厅厅长的吕振霖在评价九圩港水利工程时说:"正是在那个年代里,一大批水利前辈人的艰苦奋斗,奠定了今天水利现代化的基础。我们不能忘记他们,并以他们为榜样,为江苏水利建设不懈奋斗。"

20世纪50至70年代,全市主治洪涝灾害,开展了大规模水利建设,初步形成防洪、挡潮、排涝、引水工程框架。80年代,水利基本建设进入调整期,农田水利建设稳步发展,南通加强了经营管理,提高了经济效益。

兴建水利化河闸,为子孙万代造福

——宋庆龄为掘苴河闸题词

水可以为福也可以为害,但看人民能否加以利用和掌握。焦港闸之建设,表示如皋人民在治水问题上争取了主动,也正如过去在战争中争取了主动一样。胜利属于掌握主动方面。谨祝开闸胜利!

——陈毅为焦港闸题词

农田水利,建国之基。灌溉千顷,泽润万民。焦港大闸,其道七孔。从兹如皋,人寿年丰。

——郭沫若为焦港闸题词

20世纪最后十年,南通水利发展进入重要历史时期。江海堤防和

九圩港闸施工现场

里下河圩堤，得到新一轮治理，防洪挡潮标准提高，水利排灌体系逐步完善，工程效益明显提高。

1991年，江淮流域发生严重洪涝。南通在抗御洪涝灾害斗争中，其水利工程发挥了巨大作用，但也暴露出水利工程标准偏低、力不从心的问题，尤其是里下河圩堤。南通市政府在财力捉襟见肘的情况下，仍然加强对里下河圩区的整治。通过联圩并圩，提高圩堤标准，加快圩口闸和排涝站的配套建设，有效改善了这一地区的排涝条件。

1996年—1998年，连续出现长江大水，全市沿江堤防受到严重威胁，发生江岸水下坍塌、外小圩决口等多种险情。

1997年11号强台风后，省委省政府从"长治久安"战略目标出发，作出"三年完成江堤达标工程建设，五年完成海堤重点地段达标工程建设"的重大决策。

南通闻风而动，集中力量实施江海堤防达标建设，对节制闸、九圩港闸、蒿枝港闸等进行加固改造，兴建海门港闸、大洪闸、大新闸、灵甸港闸、新捕河闸、小李洪闸等，沿江沿海防洪挡潮能力得到提高，普遍达到50年一遇防洪标准。

以1995年南通水政监察支队成立为标志，全市开始步入依法治水的时代。1996年出台《南通市水利工程管理办法》，依法治水、依规治水，查处各类水事案件，维护正常水事秩序。

新世纪水利改革得到全面深化，重点领域改革取得成效。水资源管理体制改革，严格取水许可和水资源论证制度，逐步建立节水评估制度，强化对用水单位的节水设施、节水技术改造的监督检查，彻底改变"谁想用谁就用、用多用少各自便"的自流状况。以制度创新为导向，发挥经济杠杆的作用，出台"零排放"认定和分类水价系列政策，

扎实推进节水减排建设。

新中国成立以来，南通修建江、海、洲堤 500 公里，开挖九圩港、通吕运河等 12 条骨干河道，完成土方 40 亿万方、中小河沟 17 万条。新建通江通海水闸 67 座、配套建筑物 32.4 万座，初步实现了从单一防治水旱灾害到综合开发利用水资源、从服务农业发展到全方位服务国民经济发展的转变。

绿我涓滴，会它千顷澄碧。"全国环保模范城市""全国水环境优秀范例城市""全国节水型社会建设示范区""全国节水型城市""全国水资源管理工作先进单位"、"全国全面推行河长制湖长制工作先进集体"，褒奖南通的一块块金字招牌，饱含一代又一代治水人的汗水和心血。通城之所以能在历史长河中保持历久弥新的魅力，少不了一代又一代治水人的贡献。

南通治水实践，留下深深的"江海印迹"。

1959年，南通市九圩港建闸工程处全体同志合影

第二章

破茧成蝶

运筹江河的惠民工程

时任代市长徐惠民

一诺千金的庄严宣示

时间： 2019 年 1 月 8 日

地点： 更俗剧院

提要： 时任代市长徐惠民在《政府工作报告》中，向全市人民庄严承诺："实施中心城区水质提升工程，以水系为脉络、黑臭水体为重点开展全面治理，力争濠河及周边主要河道达到三类水标准"。字字铿锵有力，句句掷地有声，表明了南道根治黑臭水体的决心和信心，赢得了全场热烈的掌声。然而，用 10 个月的时间就要让 45 平方公里的濠河及周边达到三类水标准，谈何容易。联想前不久，南通被列入全国水环境达标进展缓慢的"差等生"行列，业内人士都怀疑、担心这一承诺会不会"打水漂"。

一、让压力变动力

2018 年 11 月 19 日，《人民日报》刊文，全国"黑臭水体整治任务十分艰巨，36 个重点城市中，有 18 个城市的整治任务完成率低于50%"。而在被点名曝光的 18 个城市中，南通竟赫然在列。

一石激起千层浪。省政府约谈南通市政府主要负责人，并派出黑臭水体整治专项帮扶工作组到南通结对帮扶。作为南通市人民政府市长的第一责任人徐惠民，压力不言而喻。

"人的命脉在田，田的命脉在水，水的命脉在山，山的命脉在土，土的命脉在林和草，这个命脉共同体是人类生存发展的物质基础。一定要算大账、算长远账、算整体账、算综合账。如果因小失大、顾此失彼，最终必然对生态环境造成系统性、长期性破坏。"

"生态环境问题，归根结底是资源过度开发、粗放利用、奢侈浪费造成的。"

"建设生态文明，首先要从改变自然、征服自然转向调整人的行为、纠正人的错误行为。要做到人与自然和谐，天人合一，不要试图征服老天爷。"

"只要坚持生态优先、绿色发展，锲而不舍，久久为功，就一定能把绿水青山变成金山银山。"

徐惠民一遍又一遍品味总书记治国理政的金句，并越发感到责任的重大和担子的沉重。

但能够把治国理政的信念化为本地的自觉行动，善于把政绩观浓缩在水清岸绿的湖光山色中，这才叫本事。

新思想激发新动力，新思维积蓄新能量。

志不求易者成，事不避难者进。攻坚克难是领导者必备的素质。

没有外在压力，哪有内在进步。"压力就是动力，批评也是鞭策"，这些经常拿来教育人的话，现在轮到徐惠民自己从中受益。

夜深人静，繁忙了一天的徐惠民并没有睡意。这个上任到哪里就把"惠民"带到哪里的市长，把"不把水治好就不能寐"的习惯，从苏州带到南通。

在苏州任职期间，苏城治水的重担曾意外落到他这个分管他务的副市长头上。也许能者多劳，歪打正着，他带领一帮人，硬是把"臭不可闻"的黑臭水体遍布的苏州治成"清水悠悠、流淌一城"的"水韵苏州"，还留下了一部流传民间的"资治通鉴"——《苏城六记》。

怀山之水，必有其源。"水从哪里来、要从哪里过、又到哪里去？"几天来，徐惠民把南通水系大格局摸了个透。为有源头活水来，要治好南通主城区内河水系，就必须用好长江水这个天赐"良源"。而通吕运河又是引江治水的关键喉咽。治水要治到点子上，这儿便是内河水系的"龙穴"。

早在 2018 年 4 月 16 日的一次调研活动中，徐惠民和时任市委书记陆志鹏临时决定到节制闸去看看。其时，节制闸引水靠的是长江潮汐，长江潮起潮落，落差可达数米，当潮位高于内河时，即开闸引水。潮位低于内河，就关闸。徐惠民现场发问："一年有多少天引不到水？"回答："140 多天。"徐惠民心中一震："这不是守着鱼塘不下网嘛！"新建一座水利枢纽工程增加引排动力的方案在他心中酝酿。

徐惠民决定实施心中的蓝图。

但对这一方案，认识并不统一。有的人认为，有了节制闸、再搞个泵站，投入大，效果未必如愿；有的人认为，西北面有了九圩港枢纽工程，相距那么近，有重复建设之嫌。

到现场去，让实际说话。徐惠民先后五六次带着专家和治水团队到现场踏勘，通吕运河两岸、节制闸畔，布满了他的脚印。

徐惠民很有趣，边走边给大家讲苏州拓浚七浦塘引调长江水的故事：

20世纪90年代，阳澄湖是苏州主城区的主要水源地。后来由于养蟹业的过度发展，水环境遭到破坏。进入新世纪后，通过治理，阳澄湖重新成为苏州第二战略水源地。为了保证阳澄湖水体的活力、清洁，2011年，苏州启动了七浦塘拓浚引流工程，修建了43公里的水道引调长江水。

苏州主城区离长江70公里。为了活水，苏州人以大气派，大手笔，兴建大工程，我们紧邻长江，怎么眼睁睁看着江水滚滚东逝而不加以利用？

故事给人启示。每一次深情回望，都是为了更好地向前奔。

从流域的角度看南通城区，从地形地貌看南通城区，用系统的方法

治理南通城区。地处城西北的通吕运河，正是利用水位差因势利导的最佳位置。仅仅靠节制闸，"自流调节"、靠天吃饭、枯水期是无法起到引江活水作用的。新建通吕运河水利枢纽势在必行。

认识的统一，凝聚起奋勇争先的力量。在市委书记的亲自指挥下，治水人克服困难，一切不可能都成为过去式。就说沿江水工程规划同意书，过去到省厅办理，走程序一般要1—2年，南通只用了一个多月时间就办了下来。为了编制及报批《通吕运河水利枢纽水工程规划同意书》，五十岁的规划计划处潘志辉处长带着一支队伍，和设计院同志一起日夜加班，一页一页地改、一节一节地磨，一个数据一个数据地对。完稿后，为了抢时间早点送到省厅，他又带队前往印刷厂，与工人一起装订成册后，又连夜奔赴南京，参加第二天一早8点的审查会，连续在南通、扬州、南京三地奔波。而这个时期，他父亲病重需要人照料，

南通市通吕运河水利枢纽

但他没有跟组织或同事中任何人提起过，没有请一天假。9月24日南通拿到了省厅的批复，而他父亲却在10月4日与世长辞。

在第二年汛期来临之前，通吕运河水利枢纽工程水下施工全部到位，年底前泵站机组正式运营。

治水治到关键处，治水治到要害处，下对一颗子，活了一盘棋。打通"任督二脉"，一通百通。原先靠节制闸自然引流每年6—7亿立方米；如今，新枢纽工程提水每年近10亿立方米，自引5.48亿立方米。三倍的水量注入南通主城区，流出了一城清新一城美。

二、走！到现场去

治水不在办公室，治水不在图纸上，治水要到现场去。多年来徐惠民养成了一有情况就去现场的习惯。接地气，才有话语权；接地气，才有生命力。

2019年5月10日下午，徐惠民率队专题调研长江大保护工作、检查《长江生态警示片》披露问题整改情况，研究部署下半年全省长江大保护现场推进会相关准备工作。

从营船港闸出发，徐惠民一行驱车沿着江堤一路走一路看，先后来到苏通大桥东北侧等地块，现场查看了非法码头拆除、复绿、沿江岸线整治、生态林建设等情况。巧借沿江大保护的东风，各地实施生态林建设工程，已完成造林面积5000多亩，长江南通段初现一片葱绿的勃勃生机。他一路看，一路跟沿途的绿化工作者交谈。他说，要科学统筹，把握住经济效益与生态效益的关系，着力打造生态绿化景观。

在市开发区污染处理厂现场，他详细了解了我市长江入河口排污整改提升情况，强调要按照国家、省专项行动的统一部署，做好"排查、监测、溯源、整治"工作，将触角向内河延伸，全面规范排污口设置和管理。

现场调研结束后，徐惠民听取了市有关部门关于长江大保护及沿江化工污染治理、环境突出问题整改等情况汇报。

在肯定前一段共抓大保护做出成绩的同时，徐惠民特别强调，南通地处长江经济带下游和末梢，防范处置环境风险的压力更大，抓好长江大保护责任重大、责无旁贷。要坚持守土有责、守土尽责，把推进长江生态环境突出问题整改，作为重要的政治任务，全力以赴抓好国家、省《长江经济带生态环境警示片》披露问题的整改。对少数左顾右盼、行动迟缓的问题整改，要压实属地政府和实施主体责任，态度坚决、精准施策、限期完成，在落实整改、解决问题中推动"大保护"取得更大进展。

时任市委书记徐惠民（左一）在滨江桃园险段调研

要牢抓产业升级、绿色发展，坚持系统化思维，从推进产业结构调整，优化生产力布局的高度出发，把解决"化工围江"问题，作为长江大保护的治本之策，从根本上降低沿江环保和安全风险。要对化工生产企业和危险品仓储经营企业，进行全面体检，对化工产业发展现状进行精准的诊断，坚决杜绝带病上岗、带病运营。要依法依规推进整治提升，针对企业实际情况，分类处置。在整治关停"小散乱污"企业的同时，鼓励发展高水平绿色化工，着力推动化工产业高质量发展。

一个个决策变成一次次行动，一次次督阵变成一次次推进，一个个方案化成一条条清水溪流，一个个规划化成一片片碧波绿洲……

三、功成不必在我

2020年3月16日，在推动长江经济带发展领导小组扩大会上，徐惠民郑重、及时地提醒：

决不能因为取得初步成效，就自满松劲，必须保持战略定力，切实巩固、提升和扩大现有成果；

决不能因为忙于疫情防控，就观望等待，必须在做好防疫的前提下，统筹做好大保护各项工作；

决不能因为遇到复杂矛盾，就畏缩不前，必须发扬连续作战精神，越是艰险越向前，全力破解沿江生态环境保护难题。

具体应该怎么做？

一是提升长江生态保护修复新成效，动真碰硬抓整改，针对环境突出问题，强化时间意识，集中力量攻坚；标本兼治抓治理，推动长江大保护从"末梢被动"向"源头主动"转变，巩固放大中心城区水环境治理成效，力争今年城市建成区基本消除黑臭水体；见缝插针抓绿化，深化长江沿岸造林绿化专项行动，打造长江下游水清岸绿、可感可亲的最美岸线。

二要树立沿江产业绿色发展新标杆，按照"调高、调轻、调优、调绿"的要求，提高产业门槛，优化产业布局，推动产业升级，确保今年长江岸线1公里化工园区外的企业基本退出，推动带动力强、市场前景好、大用地大吞吐量的项目，向沿海地区转移，加快吸纳集聚创新资源，不断提升产业含金量、含绿量。

三要打造绿色示范区建设新亮点，坚持重点突破、示范引领，推动五山片区从项目建设为主转向常态化管养、运营为主，突出抓好文旅功能嵌入，努力实现生态、经济、社会效益三者共赢。加快推动滨江、任港湾及沪苏通长江大桥周边等重点区域快见成效、快出形象，争取形成更多的精品工程和城市名片。

不做什么，要做什么，怎么样，做成什么样，一目了然，清清楚楚。既有指导性，又有可操作性，听得人们心里热乎乎的。

2020年10月29日，在全市长江经济带大保护会上，徐惠民铿锵有力地提出了"抓水环境治理就是抓项目，就是抓发展"的新理念。

以"谋划工作实不实、干部配得强不强、编制给得足不足、机制建得好不好、问责做得严不严"作为总要求，以"底数清不清、业务熟不熟、投入够不够、作风硬不硬、执行实不实"作为"硬杠杠"。

严把项目准入关，严格执行化工产业"三个一律不批"，大力推进化工企业"四个一批"专项行动，关闭整治长江岸线1公里范围内等环境敏感区、规模以下及安全环保风险隐患的企业，优化化工园布局，将6个化工园区减至3个。

"空喊争先锋就将一事无成"，徐惠民在市委务虚会上表示："争先锋就必须真抓实干、埋头苦干、狠抓快干"。

柔中有刚、刚柔并济，常常透出"头狼"气质，善于营造"干大事、大干事"的气场。领导、领导，一在领，二在导。掌握方向，以上率下，在有困难的时候，提神鼓劲；在有成绩的时候，防骄破满。

不是不喜欢会议，而是不喜欢坐而论道、空洞无物的空谈；不是不喜欢领导讲话，而是不喜欢空话套话过头话，不喜欢句句都正确的没有用的话。听徐书记的讲话，句句在理，句句惹听，件件可行。在他手下办事，有压力，又有动力，长见识、长本事。

所谓威望，就是让下属服你、敬你、听你，你说的能往大家心里去，你做的能让大家从心底佩服。

兵随将领草随风，龙头一摆层层动。火车跑得快，全靠车头带。

当国考、省考 44 个断面水体全部达到三类水标准、庄严承诺成为现实的时候，当南通中心城区水环境整治多次得到国家长江办、省领导充分肯定的时候，当中国第五届森旅节第一次在地级市南通举办的时候，当"争先豪情、克难勇气、创新思维、科学态度、实干作风"的治水精神成为全市上下追赶超越磅礴动力的时候，那种"山河无恙在我胸"的镇定自若，顿时化为"功成不必有我"的谦和，他把鲜花和掌声更多地献给了当代治水人。

一条河能被历史记住，是件很幸福的事；

一个人能被一座城记住，是件很荣幸的事。

时任市委副书记、市长王晖（中）

深入一线的基层调研

时间：2019 年—2021 年

地点：南通

提要：南通滨江临海，区位独特；三水交汇，优势俱佳。市长王晖走马上任、经略南通，注定要与水结下不解之缘。此刻，正是南通热火朝天治水之时，无疑恰逢其会，如虎添翼。王晖一言九鼎，掷地有声："踏上南通这片热土，就是一名认认真真、踏踏实实的南通人。一定深入学习调研、尽快熟悉市情、迅速进入状态，竭尽心智、竭尽所能、竭尽全力推进好政府各项工作，决不辜负组织重托和全市人民的期望！地处长江下游，工作力争上游！"

一、有效发挥枢纽工程的效益

2020年3月17日，疫情依然严峻，南通市委副书记、市长王晖来到通吕运河水利枢纽工程检查建设进展情况。

王晖一行来到通吕运河水利枢纽工程现场，详细询问了工程的进展情况。他指出，通吕运河水利枢纽工程在全市区域治水工作中至关重要，要保证稳定的水源供应，在保障工业、农业生产和生态用水需要的同时，还要保证沿海大开发的用水需求。

在通吕运河泵站，王晖听取了市水利局总工卢建均对通吕工程、通吕运河水系及市域活水畅流建设情况的介绍，肯定了通吕工程建设以来对市区河道水位、水生态环境的改善效果。王晖指出，主城区66平方公里范围内的水系断点已基本打通，水系贯通与活水畅流也基本实现，下一步落实市区范围内河网水系主要控制节点的建设是关键，要尽快实现南通城区100平方公里乃至南通城市规划区400平方公里范围内河网的互联互通；要加快主城区水系控制系统一体化、自动化、智能化建设，实现通吕水系在市域内水量的合理、有效、精确分配，充分发挥通吕工程的建设效益。

二、持续做好长江生态保护

2020年3月31日，南通市委副书记、市长王晖又马不停蹄地来到长江岸线五山地区，率队调研长江共抓大保护相关工作的推进情况。

王晖实地考察了姚港油库、狼山港务拆迁现场、小洋港闸、军山生态保留地等处，详细了解沿江生态环境突出问题整改、主城区水环境综合治理以及生物多样性保护情况后，对长江大保护取得的工作成效给予了充分肯定。

王晖强调，要深入贯彻习近平生态文明思想和关于长江经济带"共抓大保护、不搞大开发"的重要指示精神，按照省委、省政府部署要求，以强烈的答卷意识做好长江生态保护修复各项工作，不断提升生态优先、绿色发展水平，推动长江经济带高质量发展走在全国前列。

2020年6月3日，南通市委副书记、市长王晖再次巡查长江共抓大保护工作。王晖一行从裤子港海事码头乘船，走上甲板，一边察看长江岸线生态环境整治，一边听取岸线利用情况介绍。南通东鑫船舶重工有限公司被列入长江岸线清理整治项目，王晖要求属地政府及相关部门要强化时限意识、责任意识，有力有序推进拆除清理工作。同时，针对拆除作业中对过往行驶船只产生的隐患问题，要求海事部门加强协调和保障，确保过往船只避开施工区域。途经南通电厂、华能电厂、天生港电厂时，王晖要求加快拆除天生港电厂的废弃码头，同时整合现有电厂的装卸、堆场、仓储能力，有效提升长江岸线资源开发利用集约化程度。

巡至长江如皋段时，王晖要求，要依法依规、积极稳妥推进破产企业处置工作，进一步盘活利用好岸线资源。登上如皋水上绿色综合服务区，王晖对如皋港区全面实施"一零两全"，实现船舶生活污水、垃圾免费接收及免费水上交通服务的做法表示肯定，指出要从源头治理好船舶生活垃圾、污水的违规排放问题，服务好过往船只和船民，保护碧水蓝天。随后，王晖从水上服务区码头登岸乘车，实地察看长江干流岸线利用清理整治相关项目情况。华凯重工拆除工程已落实拆迁施工单位，正在抓紧新建安置宿舍楼，王晖要求待临时安置房建好后，抓紧组织拆除河道管理范围内办公和生活用房并进行复绿。在远邦石化整治现场，王晖指出，要在确保安全生产的基础上，按照要求对主江堤外的仓储工程进行整改，切实加强水环境保护。

王晖指出，2020 年是习近平总书记提出长江经济带"共抓大保护、不搞大开发"战略思想的第五个年头，要坚持目标导向、问题导向和结果导向，努力以实际行动和实际成效交出一份优异答卷。要持续抓好生态环境突出问题整改，聚焦国家警示片披露问题、省级台账和新发现问题，强化组织、强力攻坚，确保按照序时高质量整改到位。要把修复长江生态环境摆在压倒性位置，加快实施重点生态修复工程，大力推进长江岸线清理整治和排污口排查整治，确保把沿江南通段编织成生态绿腰带。要加快推动沿江产业转型升级，突出抓好化工行业安全环保整治提升和违法违规"小化工"百日专项整治行动，从源头上、根本上降低沿江环保和安全风险。

三、确保水环境治理的目标

2020 年 5 月 13 日，南通市委副书记、市长王晖率队来到如东，检查如东县水环境整治情况。

近年来，如东以修复河道水系、打造宜居滨水公共空间为宗旨，加紧推进"三河六岸"河道整治及景观绿化工程。整个项目覆盖如泰运河、掘苴河、掘坎河、公共河及其支流城区段，河道总长 15.05 公里。"污水如何处理？""截污怎样进行？"在掘苴河东侧建设现场，王晖详细询问工程步骤和进度。当王晖了解到在加大基础设施投入的同时，如东县还通过开展"清水绿岸"、水质提升"百日攻坚"等具体行动，多管齐下推动水环境改善时表示赞许，并要求该县加快相关工作进度，确保水环境治理效果。

站在如泰运河东安闸桥向远处眺望，微风拂面，水波粼粼。近年来，如东县把污染防治攻坚摆在突出重要位置，全县所有国考、省考断面和入海断面水质已全面消除劣五类。王晖予以充分肯定。

王晖对近期东安闸桥国考断面水质有所下滑现象十分关心，现场查看了周边居民生活设施建设布局，向有关负责人了解污水处理情况。王晖要求，认真迅速地查找断面水质下滑的原因，加大依法治理力度，切实消除污水直排、畜禽养殖、船舶油污等可能的影响因素，特别是要注重优化相关治理方案，以可靠的技术支撑推动水质稳定向好。

如东县大豫镇污水处理厂为区域性居民生活污水处理厂，设计日处理规模约 2500 吨。经过一年多时间建设，污水处理厂即将调试运行，全面投运后将有效解决镇区及周边农村生活污水直排问题。王晖认真听取项目负责人的情况介绍，要求如东县在加快相关工程建设的同时，着力在农村居民生活污水处理方面加强研究，切实提升治理质效，为水质提升提供有效保障。

2021 年 4 月 28 日，市委副书记、市长王晖带队赴如东县实地调研水环境治理工作。王晖强调，要以习近平生态文明思想为指导，认真贯彻美丽江苏建设要求，按照全市深入打好污染防治攻坚战动员会部署，统筹推进、系统治理，以更实举措、更大成效，持续改善水环境质量，不断提升人民群众获得感、幸福感和满意度。

村镇污水治理是解决流域性、面源性污染的"硬骨头"。王晖首先来到位于如泰运河沿线的大豫镇强民村，现场查看已建成运行的一处微型污水处理站点，该污水处理站点覆盖了周边农户 36 户 126 人，设计日处理量 10 吨。王晖详细询问工程造价、网管铺设、运行维护、排放标准等情况，并深入农户家中，检查生活污水纳管情况，听取群众意见建议。王晖强调，针对面广量大的农村生活污水治理，要按照"能接管则接管、应集中则集中、宜分散则分散"的原则，综合考虑乡村实际和农民习惯，坚持一家一设计、一户一验收，确保农村生活污水应收尽收，提升污水处理实效。同时，要注重将农村生活污水治理与改善农民生活相结合，不断提升群众获得感。

随后，王晖来到大豫镇污水处理厂。该厂于 2021 年 4 月正式运行，配套管网已完成约 20 公里，每日进水量约 500 吨。王晖登上污水处理池，察看设备运行情况，询问处理工艺、管网建设、运营管理等情况。王晖指出，乡镇污水处理厂是处理镇区生活污水的重要基础设施，要突出抓好污水收集这一关键环节，加大全面纳管监管力度，确保镇区的各企业、住户、单位生活污水全部纳管进厂，加强进水及出水标准的监测管控，确保稳定达标排放。

调研中，王晖指出，水环境治理工作事关人民群众切身利益，事关南通高质量发展大局。要统一思想、提高站位，牢固树立新发展理念，坚定不移走"生态优先、绿色发展"之路，推动全市域水环境持续改善。要坚持"系统化思维、片区化治理、精准化调度"的工作思路，大力推进区域治水工程，加快形成全市畅流活水体系。要抢抓汛期来临前的有利时机，尽快落细落实工程性、预防性处置措施，坚决防止汛期水质大幅滑坡。要加强市县联动、部门协同，形成推进工作合力，确保水质改善目标圆满完成，为高质量建设美丽南通作出更大贡献。

四、巩固区域治水的成果

2020 年 12 月 21 日，市委副书记、市长王晖现场督查推进城建重点工程、民生实事重点项目。他强调，要认真贯彻落实党的十九届五中全会和习近平总书记视察江苏重要讲话指示精神，始终坚持以人民为中心的发展思想，对照年初排定的项目建设计划，加快推进、加强协调，切实提升群众获得感幸福感。

实施市区全域水质提升工程是 2020 年为民办实事项目。王晖一行来到南通市区涵闸管理中心，通过城区水利工程智慧管控系统查看市区水质变化情况，当天数据显示当前市区 97% 的河道水质达Ⅲ类标准。王晖充分肯定了智慧管控系统"统一调度、全面活水"的成效，并指出，要坚持"系统化思维、片区化治理、精准化调度"的工作思路，充分发挥智慧系统的"智慧"作用，进一步巩固城区治水成果。同时，要把城区的治水经验向县（市）推广、向农村推广，建立统一协调的工作推进机制，统筹抓好汛期水质管控、餐厨废弃物处置、农业面源污染防治、分散农户生活污水处理等各项工作，全力提升群众居住环境和健康生活水平。

五、地处长江下游 工作力争上游

近年来，南通市牢固树立绿水青山就是金山银山的理念，坚决落实长江经济带"共抓大保护、不搞大开发"的要求，坚持生态优先，推进绿色发展，美丽南通建设不断取得新成效，先后获评国家生态市、国家森林城市、国家绿化模范城市、国家生态园林城市。

时任市委副书记、市长王晖（左二）调研长江大保护推进工作

聚力推动绿色发展。坚持在发展中保护、在保护中发展，加快形成绿色发展的空间格局和生产生活方式，让经济、社会、环境效益互促共赢。优化绿色空间格局。科学统筹沿江沿海生产、生活、生态空间，编制实施"三线一单"管控方案，切实做到"空间管控一张蓝图"，全市林木覆盖率、自然湿地保护率分别提高至25.9%、49.2%。健全陆海一体的绿色发展体系，加快打造沿海临港高端绿色产业基地，优江拓海产业布局。提升经济绿色含量。加快推进产业转型升级，积极培育"3+3+N"产业，绿色制造体系进一步健全，省级以上开发园区全部实施循环化改造，非化石能源占一次能源消费比重达12%，万元地区生产总值用水量降至40.14立方米。打造城市绿色名片。积极推进美丽宜居城市建设，全方位打造美丽街区、美丽社区、美丽庭院、美丽阳台，营造城市空间景观特色，让美丽南通建设更加可观可感。着力建设平原地区森林城市，成功举办2019中国森林旅游节。

聚力生态保护修复。以"地处长江下游、工作力争上游"的担当，奋力跑好长江大保护的"最后一棒"，高质量建设长江口绿色生态门户，初步绘就"面向长江、鸟语花香"的生态文明画卷。下决心治理"化工围江"。对全市化工企业开展全面"大体检"，精准制定"一企一策""一园一策"。2019年以来关闭退出化工生产企业162家，其中沿江1公里范围内29家，取消沿江化工园区定位2家，缩减园区面积7.66平方公里。全覆盖推进"活水畅流"。坚持"江河联治、水岸共治、全域防治"的治水思路，实施全市域活水畅流工程，于去年建成全国水生态文明城市。特别是要直面中心城区水质短板，摒弃"就河治河"的惯性思维，探索形成"控源截污、智能管控、自然做功、生态修复"的治水模式，濠河及中心城区66平方公里全面消除黑臭水体，实现长江水Ⅲ类进城、Ⅲ类出城，拓扑导流墙活水等创新做法获得生态环境部肯定。高标准打造"最美岸线"。在全省率先编制沿江生态带发展规划，长江岸线生产、生活、生态空间布局由48:3.5:48.5优化至39:10:51，高水平推进沿江地区生态保护修复，腾出生态岸线5.5公里，全力打造滨江"城市客厅"。

聚力攻坚"三大战役"。坚决向环境污染宣战，精准治污、科学治污、依法治污，守住蓝天、碧水、净土。坚决打赢蓝天保卫战。坚持"控煤、降尘、治企、管车、禁烧、联防"综合施策，扎实开展"散乱污"企业整治、"654"扬尘治理、"410"柴油货车治理等专项治气工程，完成燃煤机组超低排放改造和小锅炉淘汰任务。2020年1—10月，PM2.5浓度为32.2微克/立方米、同比下降8.8%，优良天数比率同比上升8.9个百分点，全年有望达到国家二级标准。全力打好碧水保卫战。全面落实"河长制""断面长制""湾（滩）长制"，主要入江入海河流全面消除劣V类水体，2020年1—10月全市省考以上断面优Ⅲ比例同比提升22.6个百分点。大力推广"无动力、低成本、免维护"的农村生活污水生态化处置模式。扎实推进净土保卫战。深入开展农用地、重点行业企业用地土壤污染状况调查，动态更新污染地块名录，实施重点地块土壤污染治理修复。加大固体废物污染防治力度，实现危废产生、贮存、转运、利用处置全过程有效监管。

聚力创新治理体系。深化环境领域改革，完善生态文明制度，不断提升环境治理体系和治理能力现代化水平。加大改革力度。积极开展生态环境损害赔偿制度改革试点，案件数量、赔偿金额均居全国前列。深入推进水务一体化改革，市、县全部组建水务公司，落实供排水设施、污水管网的建设、运营和养护责任，有效破解"九龙治水"困局。建立企业环境信用评级制度，联动实施绿色信贷、差别水价、差别电价政策，参评企业数年均增长20%以上。完善支撑体系。制定实施环境基础设施建设三年计划，污水处理能力达 151.7 万吨／日，危废处置能力达 22.1 万吨／年。在餐饮集中区、废水处理区以及农村建设等领域，建设一批环保"绿岛"，不断降低治污成本、解决处置难题。加快构建陆海统筹、天地一体、联网共享的生态环境监测监控网络，推动实现环境质量、重点污染源、生态环境状况监测全覆盖。压实各方责任。开展市县联动的环保专项巡察，对县（市）区一月一巡查、一季一考核，对领导干部开展一年一述职，对季度考评靠后的镇村在媒体公布建立重点企业环保总监制度，加大环境问题曝光力度。

本节摘自《新华日报》2020 年 11 月 16 日王晖署名文章

日落紫琅湖

步调一致的九龙同治

时间：2019 年—2021 年

地点：南通

提要："步调一致才能得胜利"。从延安城唱到西北坡，从"东风吹来满眼春"，唱到"在南海边画了个圆"，从"共抓大保护、不搞大开发"，唱到"绿水青山就是金山银山"，一路高歌猛进，一路欣欣向荣。治水也是如此。

"九龙治水"本来是好事，你也治，我也治，各把各的事做好，水不就治好了。但现实不是如此。龙多了，各自为政，各行其是，反而形成了"龙多不治水"的被动局面。南通特聘治水专家赵瑞龙一针见血地指出："南通水环境治理困难重重，原因有很多，但最根本的有两条，一是没有一个系统的方案，另一点就是没有一个有效的推进机制"。

一、兵马未到，机制先行

治水，先治人；治水，先治机制。治水不仅是"一把手"的事、分管领导的事，也是"一班人"的事；不仅是水利部门的事，也是相关部门的事、一城人的事。总攻开始之前，市里成立了濠河风景区整治提升指挥部，水利、住建、市政园林等相关部门和属地政府，聚集在现场推进指挥部旗帜下，打破部门藩篱，打破条块分割的"楚河汉界"，以"跨前一步、合力攻关"的合作精神，展开了一场思路清晰、目标明确、声势浩大的联合治水。指挥部实行一周一例会、一周一滚动任务清单、清单留痕销号等管理模式，有问题立刻解决。

"九龙同治"迈正步，治理不再"各自为战"、方案不再"各编各曲"、行动不再"各吹各调"。

兵马未到，机制先行。

一是建立高效协调的组织推进机制，针对内河水体突出问题以及长江经济带生态环境保护等 6 个方面，专门成立了各推进小组，分别由一个市级部门牵头。形成了市领导小组办公室统筹协调、6 个部门牵头推进、相关部门和地区积极配合的工作机制。

二是完善整体联动的责任落实机制，制定实施《南通市生态环境工作责任规定（试行）》《关于濠河风景区整治提升工作方案》，把任务分解到各地、各部门、压实一级抓一级、层层抓落实的工作责任。围绕濠河及周边的 54 个项目，一条河一条河、一条路一条路、一个项目一个项目，按开工时间、完工时间、资金来源、责任单位，都全部进行了细化分解。

三是建立多维发力的要素保障机制。按照"行政化推动、市场化运作"的机制，充分发挥"有形的手"和"无形的手"两手的作用，推进与政策性金融机构的合作。创新环境信用评级制度，对全市 3500 家企业开展环境信用评级工作，联动实施差别化水电价、绿色信贷等政策，被国家生态环境部列为生态环境政策法制基层联系点。强化环境行为社会监督，在新闻媒体设立重点环境问题"曝光台""回音壁""致歉栏"，激发公众参与意识，倒逼企业改善环境行为，营造全社会共同保护水环境的浓厚氛围。

部门职能理顺了，措施到位了，关键还要责任到人。市、区、街道、社区四级联动，部门指定分管领导、承办科室、联络员，属地主要领导亲抓亲督，各级河长披挂出征，出台了濠河及周边 45 平方公里范围内河长履职考核专项工作方案，压紧压实 78 条河道 186 名河长知河、巡河、治河、护河责任。崇川区、市经济开发区各级河长闻风而动，提高巡河频次，加大问题发现、强力推进整改。2019 年的巡河次数、交办问题次数均比上年增长 5.2 倍、2.2 倍，较好地发挥了助推器的作用。

谁都知道，指挥部是个非常设机构，临时拼凑起来的班子；成立之初"香三天"，时间一长容易成为聋子的耳朵。但这个指挥部却与众不同，说话算数，高效运行，有责有权有效率。每周一次的例会，时间短、效率高，从来没有议而不决、决而不行的空谈。没有哪一次说，这个事情再议吧，全部都是带着问题进去带着答案出来的。

水利局边上有条三界河，有人曾把它说成水利人的"灯下黑"。因某大型公司的地产项目跨河而建，将明河改为暗涵，河道堵塞已逾 10 年。指挥部发督办函，水利部门、市政部门多次登门反复做工作，公司最终答应出资疏通，解决了问题。

二、在城中村释疑解难

夕阳有一搭没一搭投射在老街青石板上，散发出日落前的余光。有几晕圈跳动着，似明若暗，悄然洒跃在姚港河畔的栏杆上，闪耀着"夕照红"的活力。

半年前的姚港河，并没有这么潇洒。

从青年路段至虹桥路段只有700米长的姚港河，水流落差大。姚港闸关闸的时候，水位达到2.5米，开闸的时候只有1米，是市区有名的排水通道和排污河道。指挥部一心想改造景观河，做成韩国清溪川那样的浅水滩，让小朋友们有个亲水嬉水的地方。河道在整治过程中，工作人员在现场发现，经常有莫名其妙的黑水从上游流过来。闸都关了，治理的时候是干河，按理说不该有黑水。经过现场仔细查看，发现两边石驳子里边有黑水往外渗。崇川区政府接报后，即刻将整治范围内的几个排口全堵住了。谁知，堵住了之后，还有黑水流出来。

必须先把黑水治住。水利局、市政局追根溯源，终于在青年路以南的一个巷子里发现，这里还藏着一个外界知之甚少的"城中村"。说是8户、实际有80多户。有条从直角河过来的支河，被这儿的住户全部盖起来，变成盖板涵，上面全部盖了房子，还建有违章建筑、厕所之类。所有人家的生活垃圾、排泄物统统排到河内，然后通过支河，流到了姚港河。邻近二纺机里有很多小餐饮，厨废、污水、垃圾全部往河道里排，河道不堪重负，黑水长流。

"城中村"，这个被城市遗忘的角落，成了水环境治理的"老大难"。80户人家，就是一个小社会，这里的水环境治理，牵涉到多个部门。

环境不能留死角，越是难治的地方，越要下苦功治好。指挥部现场办公，当场研究解决的办法。一时拆除城中村，不可行，但一定要把污水截掉。指挥部当场进行了分工：由区负责，把沿河居民和二纺机排的污水截掉；由水务公司在支河和姚港河之间建一堵截流墙，封起来，不让污水排进姚港河；再在支河的西侧埋设一根污水管把所有污水接到青年路污水总管内，从根本上解决问题。

这个半路杀出的程咬金，让姚港河治理走了一段弯路。

要把姚港河改造成景观河，就要下真功、细功，其中水位的掌握就很有讲究。

姚港河的警戒水位是2.3米，但若连通濠河是2.8米。如果把连在濠河的青年路涵洞关闭，则水体滞流，景观河就无所谓景观了。所以，既要保持姚港河的流动性，又不能让姚港河西侧窨井漫溢、居民受淹，是治理姚港河的关键所在。带着"姚港河水位达到2.8米的时候路边的窨井会不会溢水、倒流"的问题，工作人员沿河一个窨井一个窨井地看，一个下水道一个下水道地看，经过反复踏勘，发现姚港河闸前水位不能超过2.7米，到了2.75米，桥会漫水、窨井水位也会上升。所以，要将姚港河水位一般控制在2.65米，这样，既能保证青年路涵洞小开度，保持姚港河有一定的水位、水流，同时又能保证周边老百姓不受淹。

住在河边的人都知道，姚港河原先就是条排污河，印象里就是又黑又臭。整治后的姚港河，旧貌换新颜，成了一条人见人爱的景观河，南通城里的"清溪川"，水质好了，鱼也多了，天天有人垂钓。

"丑小鸭"变成"小天鹅"，是上下同心、部门步调一致的结果。一条小小的姚港河凝聚了几个部门同心协力治好水的决心。

三、倪虹河"会诊"

2020年8月的一个周末，主城区35个断面水质检测中，34个均为二类水，唯独倪虹河氨氮超标，为五类水。27日上午，水利局联合市政园林局、虹桥街道、水务公司等，到虹桥路倪虹河交界处"会诊"。

倪虹河河道全长3240米，起于任港河，终至姚港河，流经任港、虹桥两个街道，是这一地区的主要排水通道，也是主城区治水的排江通道。

工作人员沿着河道一段一段反复查看，一个井盖一个井盖打开，4个多小时的会诊会商，最终找到污水入河的原因。据现场查看，倪虹河西北角有一处雨污合流制末端截流井，是附近小区、餐馆排出的雨污合流水，井内水位高，距离截污挡墙仅3—4厘米；一旦污水排量增加或下小雨，污水液面就会越过这道墙，流入倪虹河，直接影响河道水质，这也就是倪虹河水质时好时坏的主要原因。

由于历史原因，全市污水管网基础较差，类似的雨污合流制末端截流井还有很多。如何解决雨污井溢流、保证河道水质？相关部门联手，治病治根、对症下药。一方面增高截流挡墙，守好污水入河关；另一方面，即刻排查污水管网运行情况，降低虹桥路污水总管的液位，污水管网保持低位运行，从而降低雨污井的液位，确保晴天和小雨天不让管网污水流入河中。与此同时，进一步摸排倪虹河周边小区、餐馆雨污分流情况，对排口实行综合整治，实行长效管控。

水利局副局长蔡莉说："我们希望通过这种多部门现场会商会诊机制，以此为试点，推广开来，对全市其他存在问题的末端截流井进行改造，尽可能减少水体污染、提升水质。"

说到"九龙同治"，本书撰稿人之一、《南通日报》资深记者黄俊生津津乐道讲述了一个亲身经历的事例：

加入写作组之初，黄俊生提议组建"南通治水记"微信工作群，目的是方便写作者与水利局有关人员的沟通、联络，及时交流有关信息和资料。水利局局长吴晓春欣然应允，并亲当群主。

2021年5月13日上午，黄俊生在文峰公园散步，走到文峰公园与文峰饭店交接处，但见那曾经流淌着又黑又臭河水的河道宽敞了，拓扑两侧水流湍急，虽不清澈见底，却显然是从长江输送来的活水。忽然，他看到河面上漂浮着片片油花，打着旋儿往下流。他判断，油花一定来自文峰饭店。于是，他拍了两张照片发到工作群里，写道："文峰公园拓扑处河面有油花漂浮，上游应该有排污口"。片刻，水利局蔡莉副局长回复："谢谢您，我们请崇川区组织排查"。

在接下来的时间里，蔡莉连续上传5张照片，通报街道、社区、饭店共同排查的情况：发现饭店一侧岸坡管道混接，出现间断性排放，马上封堵即可。照片显示，排查人员和施工人员沿河岸巡查、找到漏油管道、现场施工的场面。没一会儿，蔡莉在群里宣布：已封堵完毕，并持续观察效果！

黄俊生算了一下，从他反映河面漂浮油花起，至问题得到解决止，前后还不到两个小时。他很惊讶，如此速度，可谓神速。蔡莉解释道：主城区有一个水质检测群，水利、生态环境、市政园林、崇川区、开发区市政、水利、各街道均在群内，全年无休，全天候备战，日夜都在发现问题、排查问题，联动处理问题。

"九龙同治"，需要的就是这样一种临阵作战状态呀！

黄俊生在群里写道："闻风而动，雷厉风行，再一次体现治水一丝不苟、问题不过夜的作风，点一万个赞！"意犹未尽，随即，又补充一句："说这话，我是认真的"。

四、白龙庙河又见"白龙"

"以前不要说在这里散步，远远路过都要捂着鼻子，夏天走过这里，蚊子苍蝇就围着人转。"骤雨初歇，家住白龙庙河边的王红英在亲水步道上散步说道。清风徐徐，绿树掩映，河水清澈。

前几年，白龙庙河里的"龙"不是白的，因为被黑水污染的差点被改叫"乌"龙庙河。

白龙庙河新生不是个例。曾经，在中心城区，除濠河为四类水外，其余河道普遍为劣五类水。近几年，崇川区按照"控源截污、水系连通、内源治理、活水治理、生态修复、长效管理"24 字治水路线，聚焦黑臭水体整治，全区 20 多条省考黑臭水体，全部"大考"过关，水质均稳定达标。

白龙庙河全长 1000 米，东至朝阳支河，西至工农河，是主城区西片沿江水系的一条东西向的 4 级河道，主要担负该片的排涝、灌溉任务。多年来，由于周边居民生活污水直排入河，区域内无初雨截流系统，加上水系不通，河水受到严重污染。河道上满目疮痍，部分河段颜色深如墨汁，河面上漂浮着大量油污和各种垃圾，河道变成一潭死水。

如此脏乱的河道环境与河岸上崭新林立的楼房，形成极不协调的反差。沿河居民怨声载道。

2018 年市委拉开了白龙庙河整治大幕，区、街道、社区齐上阵，控源截污，清淤疏浚，拓宽原河道河口、种植绿化，一河黑臭水变为粼粼碧波；久违的鱼儿回来了，在河内欢快畅游，鹭鸶也成群结队地赶来觅食成家。

水是城市的血脉，早前一条条黑臭河道如堵塞的血管，影响着城市环境的提升。有污就要治、有堵就得疏，崇川区不等不靠，发现哪里有污染，就在哪里整治，发现哪里有堵点，就在哪里战斗。这几年，他们自我加压，主动牵头对省级考核的20条黑臭水体、市级46条水环境整治项目，通过清淤疏浚、水面拓宽、纳管截污等改造整治进行治理。目前全区已基本实现消除黑臭河道。

近期，这个区又部署了黑臭水体治理"回头看"工作，进一步加大巡查力度。对河道上下游两岸可见范围内，再次全面对标找差进行排查，全时段做好河面及岸线保洁、调水补水、设施维护等工作，确保问题及时发现、快速处置，有效实现了河渠水清、岸绿坡美、环境整洁、水质达标的目标。

水环境治理是个系统工程，不但要发挥中央和地方两个积极性，更要发挥市、区、街道、社区四个积极性，形成治污、护水、爱水的良好社会氛围。

五、倾盆如注的水哪儿去了

2020年夏天，南通经历了43天的"超长梅雨季"。7月19日第10轮强降水，累计降雨量超490毫米，市区降雨量超过常年梅雨季九成。让市民惊喜的是，大雨过后，南通城区并未出现大面积长时间积水。

7月20日《南通日报》头版发表郭小平等采写的长篇通讯《暴雨倾城后，哗哗的雨水哪儿去了》。

揉了揉连日辛劳疲倦的眼睛，市长王晖一字不落地读完了通讯，他当即指示政府办相关同志致电报社，表扬这篇报道既宣传了民生实事，又回应了百姓关切。

随后，《南通日报》又于7月22日、24日在头版相继刊发了《联调联控，保江河安澜》《用智用心筑牢"安全堤坝"》。

通过"铁脚板"实地走访，加上"大数据"事实说话，记者揭示了"南通系统治水模式"之下城市排涝新奥秘：

地下软实力让1120公里排水管网畅通无阻

大作家雨果有句名言："下水道是一个城市的良心。"近年来，南通市城市主次干道雨水管网建设已达1120公里，新老雨水管网一律由市政设施管理处"统管"，确保平时"管得好"、雨季"打得响"，做强埋在通城地下的城市"软实力"。与此同时，采用"市政设施数字化管理信息平台"，依托350处固定监控、15台移动车载视频为载体，不断增强城市防汛应急能力，尤其是对排水管网的预防性"养护"；应用CCTV机器人、声呐等现代技术手段对雨污管网检测、清淤、冲洗，有效提升排水管网运行能力。2020年入梅之前，市政设施管理处改造雨水边井1200多座，新建、维修雨水检查井150座；疏通雨水管道420公里，

清理雨水边井 4.3 万座次，清掏污水井 1500 座、泵池清淤 90 座次，清疏高架桥泄水孔 1.2 万处次。

系统性治水让全城"活水"促进顺畅引排

长江路高架下的任港路至中远路路段地势较低，比通城平均地面高度低了 50 多厘米，过去几乎逢汛期必淹。截至 2019 年年底，包括这个路段在内的南通市区 53 个易积水路段都得到了改造，告别了"看海点"谑称。南通市市政设施处副主任邵雪军介绍说："仅长江路高架下'老难题'积水路段的改造，就花了两个月，建造了高效的一体化强排泵站，确保管网雨水排入附近的倪虹河，不会再发生河水倒灌。"雨入管网，管网入河，南通城内外的各条河流形成通盘"活水"。梅雨季，水因势而动浩浩荡荡经过通吕运河、海港引河等通江河道，安然入江入海。

"江河联治，科学治水，工程量是巨大的！"市防汛抗旱指挥部提供的数据表明：自 2018 年以来，"活水"工程先后拆除影响水体流动的坝头坝埂 100 多处，开挖河道 1745 米，建设管涵 1805 米，对 90 座河道闸站实施自动化改造，通过闸站的精准管控，形成内河间的有序水位差，促进水体自然流动引排。

建"海绵城市"让城市自然存积、自然渗透、自然净化

"海绵城市"，是指城市能够像海绵一样，在适应环境变化和应对自然灾害等方面具有良好的"弹性"，下雨时吸水、蓄水、渗水、净水，需要时将蓄存的水释放并加以利用。南通市市政和园林局局长汤葱葱介绍，"我市严格落实海绵城市建设举措，结合长江生态岸线保护、濠河景观提升等建设了紫琅湖、植物园等一批高质量海绵项目，成功摘得国家生态园林城市的荣誉。城市湖泊的建设，不仅仅是生态景观，亦起到了蓄水池作用。""我市还结合老小区改造、空闲地块开发、道路建设等，每年建成10个小游园，推广湿地、下凹式绿地以及透水铺装，增加汛期蓄水能力，目前市区累计139个小游园，丰富了城市小海绵体"。

联调联控等科学高效的防汛运行机制发挥了至关重要的作用。

科学高效防汛，既要靠管理人员的高度责任心，更要靠高效的运行机制。

每逢强降雨季，市防汛抗旱指挥部每天至少两次牵头水利、气象、市政园林等部门召开会商例会，根据水情、雨情、工情和气象走势，作出科学调度决策。遇到紧急情况，还会临时会商。根据会商结论，及时向下属涵闸单位、濠河办公室及崇川等地区下达开闸排水调度指令。接到指令后，相关部门、地区会立即调动管辖资源，不折不扣执行到位。

紫琅湖夜景

头雁领飞的群雁效应

时间：2019 年—2021 年

地点：南通

提要：水环境治理是个系统工程，需要有个"与江海湖汐共枕"的好班长和一支"与清波川流同行"的好团队。这个班长犹如雁群中领头飞的大雁，有担当的勇气和智慧能够划破长空，克服一切困难和阻力，飞行在雁群前头，发挥着带头作用。这个团队恰如雁阵中的群雁，服从领导，分工协作，形成合力，目标一致地以最优化的飞行方式飞向目的地。在治水工作中排成"一"字雁形，强调一个方向，才有凝聚力；强调上下同心，才有战斗力。

一、头雁领飞乘风起

2019 年初，吴晓春走马上任的第一天，放在他办公桌上的就是那份 2018 年 11 月 19 日的《人民日报》。在全国点名批评"水环境达标工作进展缓慢"的曝光新闻中，南通赫然在列。这份"见面礼"，就如棒槌一样，敲打着他的心。44 条断头河、18 条黑臭水体，要在当年全部"脱黑摘帽"，吴晓春肩头的压力巨大，面前的困难巨大。但压力也是动力，困难就是块磨刀石。有了这块磨刀石，意志才能越磨越坚强，事业才能越磨越兴旺。

吴晓春坚信，有市委、市政府的坚强领导，有经验丰富的治水专家的指导，有水利人的克难勇气、勤劳智慧、实干作风，一定能战胜一切困难。

受命于危难之际，方显履职的不易，不经历风雨，何以见彩虹？职于身，责于行，行于勤。任何豪言壮语，都比不上有效的行动。那些天，吴晓春三番五次地到现场踏勘，跑河道、看水系，河道两旁留下两行长长的足迹。

这天，吴晓春来到濠河畔的特莱克青铜塑像前，脑海中思绪万千。百年前，这位来自荷兰的年轻水利专家，受张謇邀请，不远万里随父来通从事水利工作。在那么艰苦的条件下，为南通的水利事业呕心沥血、鞠躬尽瘁，直至把年轻的生命献给了这片热土。他首创的区、匡、排、条四级排灌体系，充分利用水系互相影响、互相作用的治水思维，克服了水患危害。直至今日，他主持修建的水利工程仍在有效地发挥作用。

比起特莱克当时的治水环境、治水条件，或是比起水利局第一任老局长孙学旺遇到的治水难题，这点压力、这些困难又算得了什么？身为南通生、南通养的本土人，有什么理由不把这方水土治好？

他把孙学旺老局长"一心治水、两袖清风、三餐不定、四季在外、久经风雨、十分辛苦，为民造福，跟着共产党，我们向前走"的嘱托抄在本子上，记在心里头，这是水利人给自己画的像，是水利事业的一份传家宝。走马上任几个月，吴晓春就把主城区上百平方公里内的河网体系摸了个遍，与水结下不解之缘。

水流则通，水通则活，水活则美，水美则韵，做通做活是治水的关键。把地图装在包里，把水系装进脑海，这个农水专业的科班生，反复研究张謇和特莱克的治水思路，联系到主城区水系特征和历年来治水正反两方面的经验教训，头脑中隐隐约约出现了新的治水思路。当水利专家赵瑞龙提出"系统化思维、片区化治理、精准化调度"治理思路，那真是"英雄所见略同"，一拍即合。"设计图"与"水系图"的合理对接，激荡起新时代治水的浪花，形成了"控源截污、河道清淤、水系连通、活水调度、生态修复"五张作战图。

挂图作战，一条河接着一条河，从濠河及周边到文峰片区，从新桥片区到五山片区，围绕"五张图"进行综合治理，艰苦奋斗整一年多，主城区水体变化由"差等生"变成了"优等生"，吴晓春和他的团队迎来南通水环境治理的"春天"。

南通好通！这个"通"不局限于南通主城区，还应着眼于南通全水域。主城区只是个点，点上的经验，要到面上开花结果。城里的水系通了、全市域的水系通了，才叫南通好通。实现全市域主要河道三类水目标，才是主攻方向。

一盘更大的棋——"全域治水"正在运筹帷幄中。

2020 年初，一场突如其来的新冠疫情，几乎使整个社会生活停摆，专家赵瑞龙被困在苏州家中出不来。吴晓春便建了一个微信群，在微信群里继续讨论这个话题，你一言，我一语，热烈非常，思路越来越清晰，方向越来越明确。

2月，在全市召开的濠河提升及水环境治理现场指挥部会议上，吴晓春当着徐惠民书记、王晖市长的面，大胆地提出了他与专家们商量已久的设想——"纲网联动、源水直达、大片独立、小片连通，统一调度，分级管理"。

概括起来就是水系、水势、水源、水流、水质、水平：

（一）片区治理，整合水系。以通吕运河、九圩港、通扬河、遥望河、如海河、栟茶河等骨干航道为边界，全市形成8—9个独立大片区，骨干航道作为清水通道，多引长江水、维持高水位、直达各片。在大片区内部，以低等级航道为小片区边界，通过沟通相连，实现内部水流通江达海。

（二）因势利导，营造水势。充分利用潮汐动力，自然做功、自然活水。

（三）夯实基础，扩大水源。不断扩大通江河道的引排能力。

（四）精准调度，归顺水流。以"统一调度、分级管理、严格考核"为目标，进一步健全和完善区域水利工程调度管理机制，建设智能调度监控系统，实现科学调度、远程控制。简单地说，就是让水听人的指挥，"要让水像千军万马一样，在江海大地上听人的指挥，让它往哪里流就往哪里流"。

（五）同治共赢，提优水质。坚持"系统治水、整体多利"的原则，在改善河网水环境的同时，兼顾水安全、水运输、水资源、水生态等多目标共赢。其中，始终把防汛抗旱保安全放在第一位。

（六）先行示范，一流水准，最终建成全市区域治理能力现代化。

"6个水"，前5个是水利的"水"，后1个是水平的"水"。

一个大胆设想、细心求证的方案，一个既走脑又走心的方案，一个既走远又走实的方案。

这个方案理所当然地被主政者吸纳，写进了2020年市委的"1号文件"。"6个水"的设想，成为市委、市政府的决策，成为全域的行动。

金龙腾江海，"6水"迎春来。每一颗希望的种子，都积蓄成长的力量。当一个个设想变成领导决策的时候，当这个决策变成全市上下自觉行动的时候，当全民行动结成一个个丰硕成果的时候，那种"风翻白浪花千片、雁点青天字一行"的成就感，油然而生。

2020年8月的一个早晨，一个微信视频引爆了朋友圈。吴晓春乘着巡逻艇奔驰在海港河上。船艇两面荡起道道白浪，急急地向艇后逝去，巡河艇在水面上犁开个硕大的"八"字，向河两岸延伸。

水利局内部也有"河长制"，吴晓春就是海港引河的河长。梅雨季结束后，就是超长三伏天。这个季节在南通是台风、洪水、暴雨的多发季节，提前做好防洪、防台、防汛工作十分必要。

东至一隅，可洞观"江河"，察一河而知全水系。河道是否通畅、涵闸是否正常、河网是否连通，吴晓春一直记挂在心。

一条长长的乌龙，高高盘旋在长江中下游上空，久久不肯离去，或连绵不断，或倾盆如注。雨、雨、雨，下得大江小河心烦意乱。在天上大雨滂沱、上游洪峰直下的双重夹击下，江堤河堤经受前所未有的考验。

8月29日夜，市区持续大雨，至第二天清晨7时，城区最大降水达185.4毫米。

凌晨6点，吴晓春冒雨赶到通吕运河水利枢纽，直奔水闸控制室。屏幕显示闸前水位3.15米，长江水位1.14米。水位差超过2米，开闸放水有一定风险，尤其是开老闸。

一边是关系到工程安全、人员安全，一边是关系到主城区、运河沿线1000平方公里、上百万人民群众生命财产安全；权衡再三，他当机立断：汛情就是命令，非常时间要采取非常措施，立即启动应急排水模式。他下令：联系港航中心，了解船只安全准备情况，在确保人员工程安全、船只安全情况下，做好9时开闸放水的准备。

　　紧接着，他又带领相关人员，马不停蹄地来到市区涵闸管理中心，查看各涵闸运行情况。

　　"打开小姚港闸视频"，这个闸是市区重要引水道海港引河的排涝口，排水情况直接关系到主城区防汛。"再打开任港闸、西被新闸"，吴晓春说。任港河东起濠河，西至长江，是主城区西片重要的防洪排涝通道，也是濠河重要的换水通道。西被新闸位于市区跃龙路和任港路东延交叉路口，是濠河水系的咽喉控制处。两个闸的排水情况，直接关系濠河水位。两个闸正全力排水，运行良好。他要求"沿江小型涵闸能排尽排"。

　　9时08分，他又赶回通吕运河水利枢纽工程。在做好前期准备工作后，闸门开启50厘米；9时20分，开启1米；9时35分，当水位差进入1.5米内，闸门开启2米；10时30分，10孔闸门开至5米。哗哗的河水掀起阵阵白浪，一路高歌，奔向长江。

　　本可以松口气。但这时已是中午时分，吴晓春又接到去指挥中心开会的通知。

　　会议上气象局汇报了雨情、气象情况；市政园林汇报了市区积水点和道路排水情况；水利局汇报了水情及排水情况。经过综合分析，会议形成了相应的应对措施。

　　洪水就是命令，防汛就是战斗。水利人全面进入临战状态。各路人马顶风冒雨奔向一线，全面排查江海堤防、河道水闸，地质灾害隐患，以及回港船只等重点区域，及时发现问题、解决问题。江堤海堤驻守点实行24小时不间断巡查。由于雨太大，河道水位上涨较快，水调度全部切换成防汛模式。市水利局紧急通知沿江沿河涵闸排水，以降低内河水位。市政园林也紧急行动，清除树叶、垃圾堵塞雨水边井，保证排水畅通。

至 30 日凌晨，通吕闸共排水 3288 万立方米，安全度过了汛期。

吴晓春与人交谈，非常喜欢引用古人的一句话"太一生水、水辅太一"。

太一生水，水是上苍的恩赐；水辅太一，水返回来配合太一发生作用，于是有了天。天地复相辅也，是以成神明：天地合一便有了人，天人合一便有了文明。顺应自然、保护自然，人与自然和谐相处，是人类社会文明进步的法则。

《管子·水地》说："水者何也？万物之本原也，诸生之宗室也，美恶、贤不肖，愚俊之所产也"。有水才有生命，有水才有生存，有水才有生活。这个"至精无形"的物体，成为万物赖以生存的"源"。我们爱水，就是爱自己；护水就是护家园。让"水"为万民带来"利"，是我们水利人的追求！对"水"了解得如此透彻，哪有治不好水的道理？

二、群雁齐飞冲云霄！

这是一个特别能吃苦的团队！这是一个特别能战斗的团队！

以"头雁效应"带动群雁齐飞，水利局班子成员全部到下属系统党支部担任"第一书记"，组织关系同时全部转入，以强化一线治水管水护水的决心，水环境质量得以大幅改善。11 月初，31 个省考以上断面优三类比例，从 64.5% 提高到 74.2%，全市水质改善列全国重点城市第 17 位，16 条城市黑臭水体全面消除，并持续保持"全国水生态文明城市"称号，老百姓的幸福感获得感不断增强。

碧空飞来领头雁，人字队形飞得远。头雁领飞，是做好工作的前提，机关党支部"第一书记"吴晓春率先垂范、以身作则，带领一班人在控源截污、管网建设的基础上，将目光进一步对准水系不通、水体不活这一难点，列出责任清单。同时结合自然地理和水文气象特点，借助长江潮汐动力，因势利导，将江水引入城市内部，引江水为河水洗澡，实现江河联动、内外循环，让河流恢复生命，并采用"生态水利工程十湿地公园"的方式，让河流水体重现自然风貌。

头雁奋飞，群雁紧随，整个系统人心整齐，步调一致，全身心投入到治水实践中。城市河道管理中心老党员陈建黄，带领10人巡查组，发挥"铁脚板"的功夫，起早贪黑，不间断地检查市区各条河道、闸门、涵洞、泵站，仅仅一年就让河道水质明显提升。姚港河及裤子港2条入江支流水质稳定提升为三类水标准，河道污染物浓度大幅下降。

长江南通段滨江地带，曾经是船舶、仓储、物流等重化工密布的"工业锈带"，滨江不见江、近水不亲水。如今却成了"面向长江、鸟语花香"的"城市秀带"。10月29日全市长江大保护工作推进点评会传出的喜讯，南通在全省率先完成93个长江干流岸线项目清理整治目标。

围绕93个整治任务，市水利局坚决扛起推动长江经济带高质量发展的使命责任，建立健全"一日一统计、三日一巡查、半月一通报"等推进机制，责任再压实、措施再紧扣、力度再加码，以"攀山不怕难、攻城不惧坚"的毅力和勇气，啃下一个又一个"硬骨头"。

工程管理站"第一书记"、副局长蔡莉带领团队的丁盛、赵狄等人，以10个必拆项目为重点，集中火力攻坚，一个一个"占领"。中石化姚港油库是一座有着61年历史的老资格中心油库，太平港务则是有深厚背景的涉外企业，两者的搬迁难度，可想而知。

蔡莉是一个不把事情做好，就吃不下饭睡不好觉的人。她带着团队，一遍又一遍，不厌其烦地做工作。他们会同沿江各地、有关部门、多次专程赴省与相关部门请教、沟通，会商解决办法。华凯重工、东鑫船舶等属于破产企业，拆除程序复杂，难度大，被纳入2020年重点整治项目。他们迎难而上、攻坚克难，全面按时完成了任务。

工管站在全省率先开展长江堤防精细化管理试点，实现岸线实时化、可视化、智慧化管控。市局与铁塔南通分公司签订战略合作协议，

市水利局党组副书记、副局长蔡莉在治水一线

提升水利治理体系和治理能力现代化水平。"南通在长江干流岸线清理整治、生态修复等方面已经走在全省前列，要为全省江海堤防监管、长江岸线长效精细化管理做出示范。"省水利厅副厅长韩全林寄予厚望。

群雁齐飞头雁领，头雁领头群雁随。"治水到哪里，党旗就飘到哪里"，市区涵闸管理中心"第一书记"、总工程师卢建均介绍，2021年，南通市将中心城区治水经验，在全市范围内推广运用，按照"试点先行、分步实施"的原则，开展全域治水工程。作为全域治水的先行示范区，启东初战告捷。

濠河及中心城区66平方公里内主要河道达到Ⅲ类水质基础上，市委、市政府决定扩大整治成果，推进县域区域治水，将全市治水工程划分出独立大片区，骨干航道作为清水水源通道，充分利用"半日潮"的潮汐动力，形成江海—骨干航道—内部河网3级水位落差，实现自然做功、活水长流。

得到实施的方案才是好方案，成为事实的梦才是好梦。

为民治水、治水为民，一直是水利人的追求目标。

在顶层设计上，民之所求则是政之所趋；民之所盼则是政之所向。切实把握南通水系定位和市民期待的实际，做到"情况明、底数清"，系统规划，既考虑到眼前，更考虑到长远，实现水利工程、河道水面与绿化景观、游步贯通、街景整治、亮化提升协调、自然统一。把每一条河道的治理作为造福于民的实际行动，带着图纸方案，现场比照核对，力求方案对症下药、药到病除，解决百姓之苦，追求最佳效果。

在工程实施中，既讲速度，更重质量，不搞胡子工程，不做表面文章。从治理环节、空间布局、河道功能、时序安排等重要因素入手，一体化研究施工组织，统筹考虑、有机衔接，防止出现顾此失彼、相互掣肘。坚持"一个施工组织方案管到底"，现场监督施工，协调矛盾，不让工程质量留下一丝隐患。比如，在实施文峰坝闸改造工程中，同步启动八窑河、通甲河、学田一河的整治，避免反复打坝、多点积土、多次扰民的问题。在实施过程中，注意兼顾眼前与长远、推动整治工作与城市建设、老旧小区改造、雨污分流及污水处理提标、排水防涝等相结合，实现人居环境改善、城市特色塑造、生态环境优美的相互融合、相互促进。

在治水成效上，把人民满意不满意作为评判标准，不搞孤芳自赏，不凭自我感觉。邀请第三方开展水质检测，在主城区 66 平方公里范围内，布置了 35 个监测断面，设立了 6 个监测指标，实时、全面、不间断地掌握水质变化，系统了解河道治理状况，掌握河道"病灶"，追根溯源查找解决可能出现的水污染问题。

南通治水历久弥新，既得益于一代又一代开拓者的驰而不息，也得益于一代又一代水利人的无私奉献。

头雁领航方向明，雁点青天诗一行。"与清波川流同行，与江海湖汐共枕"。同行者，情怀也；情怀者，清波也。

水利专家赵瑞龙（右三）现场指导

水利专家的南通情结

时间：2019 年—2021 年

地点：南通

提要：术有专攻，各有所用。请懂行的人干专业的事，这是治水的窍门所在。南通治水既得益于勠力同心的外部环境，又得益于治水人的齐心协力，也得益于"特别来的客人"的无私援助。这个"客人"，就是从苏州邀请来的水利专家赵瑞龙。

一、又来一位"特来客"

赵瑞龙，到南通帮助治水，是事缘，也是人缘。他跟南通市委书记徐惠民是苏州老乡，在苏州治水时便结下情谊。

2012年"五一"期间，吴仪考察苏州，批评水环境"臭不可闻"之后，时任苏州市副市长的徐惠民和市水务局副局长的赵瑞龙，受命成立项目组，承担改善城区水质的艰巨任务。其中一大任务，就是如何为苏州古城引来清澈的活水，打破"死水一潭"的僵局。在姑苏城治水的日日夜夜，二人十分投缘，在迎来"一城水清一城绿"的治理成效中，也结下了深厚友谊，双方成了彼此的知音。

南通治水，徐惠民第一个想到的专家就是赵瑞龙。这时，赵瑞龙因家庭原因，已办了提前退休的手续。

虽然老领导盛情邀请，但他多少还有些顾虑。苏州与南通地缘相近、有很多相似之处，但一地有一地的水系，一地有一地的地理特征。虽有在苏治水的实践积累，但办法不可复制。之前，省帮扶组的专家组成员到南通看过水环境状况，比自己想象的要差很多。南通自家上报的是25条黑臭河道，再一细查又查出82条黑臭河道。污染非常严重的河道才叫"黑臭"，比劣五类水还差。治水有难度的他见得多了，但这么困难，在意料之外。再说，一地有一地的文化，有没有传统中的"认生排外"？有没有"外来的和尚会念经"的他想？

2018年8月的一天，徐惠民一脚把车开到他家门口，这让他感到意外。事后他才知道，徐市长在去省城开会回来的途中，遇上一个小事故，手臂被刮伤了。为了拜会他这个老朋友，还没来得及处理伤口就一脚奔到他家。这让他想起，在徐市长手下工作的日日夜夜，那种默契、那种不谋而合。多么愉快而难忘的岁月，工作虽然辛苦了点，但累却快乐着。

共事是种缘分，遇见一个懂你的领导，是件很幸运的事。"人生得一知己足矣"。知识分子最大的幸运就是碰上"三顾茅庐"的"刘备"。

赵瑞龙带着感动的心情跟随徐惠民来到南通。徐惠民推开办公室大门，分管副市长吴永宏、城乡建设局局长王开亮、水利局局长司祝建、城建集团董事长李唯贤等早已在此等候。没有客套，直奔主题，徐惠民一条一条交办各自的任务。

徐市长严肃认真地说，这就是省里派来、市政府正式邀请来通的水利专家赵瑞龙，从今以后就和我们大家一起为南通治水出力。这既是给赵瑞龙壮胆，也是给相关部门交底。

仪式感刷出了存在感和责任感。从此，赵瑞龙正式成了南通治水大军中的重要一员。

徐市长在办公室交了底以后，吩咐司祝建带着一队人马到水利局具体对接任务。

会上，对南通水环境并不陌生的赵瑞龙，留下了两点意见。

一是水利要跳出单纯为了防涝防汛的旧观念，根据雨情汛期，灵活使用防汛模式和活水模式，将水环境提升融入水系规划中，充分利用长江的区位优势，多方面考虑活水畅流渠道，增加城市水动力。

二是抓紧编制"1＋3"方案。"1"是主城区水质提升方案，"3"为控源截污专题，从点源、面源污染入手，全面消除污染源；生态活水专题，增加水体流动性，强化水动力；景观提升专题，结合实际，选择一些条件成熟的、关注度高且影响大的，打造一批精品工程。

会后，赵瑞龙开出清单，带走了水利局一捆资料。

随后的一个月，赵瑞龙犹如龙潜于渊，没有音讯。他在夜以继日的研究带回的资料，谋划蓝图。

二、烧烤点的点睛之笔

赵瑞龙是个从"河道上走出来"的治水专家，常年和河网水系打交道，把水的脾气摸得透透的。市水利局副局长吴海军说，我第一次见到他的时候，鞋子上全是泥巴，我真不敢相信，这个年代还会有"泥腿子"专家？真让他猜对了！赵瑞龙曾说，治水不在图纸上、不在文件上，更不能在办公室，治水要到现场去。所以，他就有个"铁脚板"的雅号，就是那么接地气。他到任之后，整天不停地跑河道、跑水系；底数清，才会心中明。

就说"系统化思维"，他从三个层面分析得透透的。从水系层面抓住控源截污，治住了源头，就治住了根本。水系连通、活水长流，才见水清岸绿；在空间层面看，水里的问题根子在岸上，要坚持水上岸上同治、上游下游同治、这条那条同治；从功能层面看，要坚持生态化、景观化，建设河道公园。

"系统化思维、片区化治理、精准化调度"，一下牵住了牛鼻子。

南通水利人说，过去我们也不是不努力，但成效就是不明显、不长久、令人不满意，其实根本的原因是思路没理清。过去的大引大排，是短期行为，只能管两三天，时间一长又发黑了，没有治住污染源头。专家就是专家，他视野开阔、理念前卫、思路清晰、作风务实，一下开阔了水环境治理的思路。

这天早晨，赵瑞龙在工作群里突然发了个微信："哪个同志认识文峰公园里的烧烤点？""烧烤点"？堂堂专家也有吃烧烤的雅兴？一时弄得大家云里雾里，摸不着头脑。

第二天，他从苏州直接奔了过来，到宾馆后，直接打的就去了"烧烤点"。醉翁之意不在酒，原来他到这里是摸水情水系的。

为了查看文峰公园内河和干休所河走向，这个年近花甲的专家直接翻上了围墙，仔细打量上下级的河道后说，"哦，这个地方是可以打通的"。只是上面有三间平房，他问这是谁家的？一打听是国有置业。"国有资产，这就好办了，可以省好多事"。

他的方案出来了，就在这个地方埋一根涵管，把两条河连起来。连好后，又恢复了房子，没有扰民，而且投资很小。

这一通，如"画龙点睛"，一通百通。同时，在文峰坝老闸南侧新增一个闸孔，将本应交汇的干休所河、宝塔河分隔开来，互不干扰地通过桥下新老两个闸孔，以不同流速汇入下游，巧妙实现了上游宝塔河、干休所河，下游八窑河的互联互通，实现了"一闸两控管三河"的上乘效果。

烧烤点，烧掉的是难点，烤掉的是堵点，带来的是互通互联。

三、一份不菲的"见面礼"

专家不是空手而来，赵瑞龙不但带了一肚子的治水诀窍，还给南通带来一份不菲的"见面礼"。

专家的高明之处，就是要抓住关键点、治到要害处，换言之用"点穴"疗法。

在广泛调查研究的基础上，他给南通的第一个建议就是"找一个地方，老百姓关心的、领导关注的，具有代表性的，同时能够通过这个工程提振水利人信心的，做一个示范段"。

"天下难事必先作于易，天下大事必先作于细"，从大处着眼，从小处着手。第一枪开向文峰坝闸。

这一片断头河多，水系都是不连通的，有的已经发黑发臭。濠河水是直通通的，一边流向灰堆坝，一边流向八窑河。要改变这片水系，首要任务是把里面的毛细血管全连起来。这里的水系连通，关键是破解"断头河"。而这里居住小区多、机关单位多、人口密度大，牵一发而动全身，要走打通的路，行不通。

这下英雄有用武之地了。他带来的见面礼，叫拓扑导流墙。这是一种用于断头河活水的柔性技术。墙体的一端设在断头河尽头约为河宽的二分之一处，另一端与主河道另一侧边的岸墙连接；墙体的高度高于河道的最高水位。墙体改变了主河道与其一侧的断头河的拓扑关系，从而使水流在一条贯通线的拓扑结构上流动，起到引导水流的作用。

看起来并不复杂，却是几何学、力学、水文学三力合一的"黑科技"。

"其原理是在具有一定宽度要求的河道中央，造隔水墙体，利用上下游的水位差，让水体自然流动。"赵瑞龙介绍说。

这一技术在文峰片区断头河改造的应用上发挥了"黑马"的作用。成为"断头河"活水流的"金钥匙"。

治理一条断头河需几百万的活儿，就被区区几万元的拓扑导流墙拿下，这就是"黑科技"的力量，也是水利专家的高明。这一技术还得到国家生态环境部的肯定。

拓扑导流墙，导出断头河哗哗水流淌；导出河道水系连成网，导出水清岸绿树成行。

世界万事万物都会开花，拓扑导流墙，就是开在断头河上的一朵花。这是一门艺术。什么样的艺术能让"不能填又不能打通"、而又不要花多少钱就让断头河"活"起来——就是这份不可多得的"见面礼"。

四、"三台泵一根管"的奇效

不忽视每一个细节，从烧烤点、到爬围墙，每一个细节都透出治水专家的良苦用心。爬围墙不要玩儿，但这一爬就省下两千万。

"濠东河原先治理方案要破路、拆迁，预算3000万，实施周期要几年。利用拓扑导流墙技术，只花了400万，两三个月就搞定了，"赵瑞龙介绍说。

什么叫科学治水？用最小的投入达到最佳的效果，这才叫科学治水。他走到哪里，就把"以最小的投入，获得最大的效益"的治水理念带到哪里。比如五山片区的治理，这里内部水系较完善、整体比较生态,只要打通相关的节点,主要河道就能实现活水的效果。精打细算,只花了不到 10 万元,基本实现了河道全部达到活水畅流的目的。

城山河原先与濠河相通，常年活水畅流，水质还好。在修建横贯东西的虹桥路时，路下只设了一个高于下游水位的管子，实际上隔断了两河相通。河里的水一年比一年差。后来专门做了个改造方案，准备花两千多万、把路打开重新让两河连通。这个方案不但投入多，而且工时长，开肠扒肚，给正常交通带来不便。

赵瑞龙带领他的团队，反复研究、细心求证，比选方案，最终确定，利用原来的过路涵管，在灰堆坝新建一个泵站，增加动力提水，连通濠河与城山河。

治理后的城山河

"三个泵一根管"，解决了"断头河"的大问题，获得社会效益的同时，还省下两千万元。赵瑞龙兴奋地说："这是性价比最高的控导工程，没有之一，只有唯一。"

可是，城山河泵站刚刚启用，就有老百姓连续举报，说噪声大，受不了，不同意运行。市水利局四级调研员施健接到群众举报，和管理中心老党员陈建黄两个人，拉着新城桥的河长办主任，到现场处理这件事情。一听，噪声确实蛮大的。那就查原因。原来是城市轨交在施工的时候，不小心把泵站的一根进水管堵住了，造成了水泵运行的气蚀现象，引起异常的噪声。找到原因就好办了。水利局出面，与轨交公司交涉，把进水口全部打开。泵站进水池水位正常了，水泵的气蚀问题也就迎刃而解了。接着，他们主动去跟反映情况的居民沟通，告之处理结果，感谢监督。通过这件事情的处理，水利局副局长蔡莉深有感触地说：在赵瑞龙的带领之下，我们这帮人不仅学到了本领，还锤炼了作风。对待群众的反映，我们不能简单粗暴地说这个不行那个不行。而是要实地去看，然后循着这个问题找原因，想办法。

城山河，画一般。堤岸小草如绿色地毯，两岸树林如绿色长城，又见到"杨柳青青河水平，闻郎岸边唱歌声"的情景。

五、心在南通，情系水利

赵瑞龙的家人说，自从受聘之后，他把自己全部交给了南通。

"青山一道同云雨，明月何曾是两乡"。他乡当故乡，是因为他乡遇故知。这方面他的体会特别深。一是有个坚强的领导做后盾。"我到其他地方也去当过指导专家，也是省里派我去的。去了以后，就发现不是真心的想听，应付应付。但是南通不一样，从市领导到工作部门，都很认真，从不马虎，这就坚定了我非做好不可的信心。"二是有个特别好的团队。"感受到南通的干部，敢于担当、奋发有为，干事创业这股精神，确实令人很满意。"三是有一种成就感。"大概3个月之后，第二次帮扶工作会议的时候，就看到了明显的成果。省里的一些领导、一些专家看了也很惊喜，3个月怎么出现了这么大变化。"

虽说功成全靠大家，但当赵瑞龙和他的团队精心设计的方案变成一个个治水现实的时候，当他带来的拓扑导流墙让一条条断头河活水流的时候，当"系统化思维、片区化治理、精准化调度"让主城区水质由"差等生"变为"优等生"的时候，人们才深深体会到，专家的贡献谁能代替？

赵瑞龙，为南通水清岸绿生态美尽心尽力的出水之"龙"。

"梦里不知身是客，只把他乡当故乡"，以治水为己任，这一点上从不把自己当客人。这里虽然是"他乡"，但在赵瑞龙心里是名副其实的"第二故乡"。风雨同道，明月一乡，他的心在这里，他的事业在这里。

第三章

活水畅流

科学创新的可贵实践

东濠亭台

精雕细琢扮装"翡翠项链"

时间：2019 年—2021 年

地点：濠河片区

提要：濠河，是我国保存最为完好的四大护城河之一。史载，后周显德五年(958)，南通在筑城的同时，开挖了濠河。濠河周长 10 公里，水面 1040 亩，最宽处 215 米，最窄处仅 10 米。河道曲曲弯弯，时而缓缓而行，时而迂回激荡。整个河道呈倒置的"葫芦形状"环抱老城区，形成了"水抱城、城拥水、城水一体"的独特风格；千百年来，担负着防御、排涝、运输和饮用的重任，成为"通城脉络"。宽窄有序的水面，清澈透底的水流，鸥飞鱼翔的自然美景，素有"江城翡翠项链"之美称。

南通人钟情于濠河，一向有爱河、护河的传统，历代多加修缮，亭塔桥榭，园林片片，丰富厚重的人文景观，秀丽典雅的自然风光，交相辉映，显得格外妩媚多姿。

一、思路一改天地宽

治水，就是要治去"多余"、治出河的原生态。涓涓不寒，是为江河；潺潺而流，是为安澜；水利万物，是为本求。

"城区先自行排查黑臭河道25条，后来按照督查要求，又查出82条黑臭河道。所谓黑臭，就是劣五类以上，污染浓度极高。同时，南通满城死水、一城黑水。"省帮扶组专家、南通市政府特聘治水顾问赵瑞龙谈及南通水系印象，大感意外："南通滨江临海，水网水系发达，水环境应该不错呀！"

守着一江清水，却是一城死水。要说治水，这些年没有少操心、没

河道内源污染治理

有少跑路、没有少流汗,为什么种下的是"龙种",收获的却是"跳蚤"?

深入调研,现场摸排,终于探明了原因:

一是控源截污不到位,河道污水横流,污水处理厂的处理能力不足;

二是主城区有 44 条断头河,80% 河道水质为劣五类,水环境偏差;

三是市区有 116 座水闸,分属不同部门管理,各顾各的利益,原本用来治水的调节器,却变成互相制约的关卡;

四是河道淤泥多年不清理、不少驳岸护坡,用钢筋混凝土浇筑、甚至河底板都是水泥的,逆水性反向治理,使河道失去自我修复、自然净化能力。

面对城市水环境治理全国性难题,南通如何避免走弯路,追根究底,关键是缺少系统治理方案,缺少有效推进机制,在"就河治河"的老路上裹足不前。

截污纳管

曾经先后排查的107条黑臭河道，制订了107个方案，头痛医头、脚痛医脚，按下葫芦浮起瓢，治标不治本。同时，一条濠河，多头多脑，"七个保姆看不了一个孩子"。多头多脑都管、都不管，常常没头没脑，治理部门多，锣齐鼓不齐，各吹各的调，背靠背、各干各。一有问题，岸上讲水上不争气，水上说岸上不给力；我怨你建设拖后腿，你怨他监管不到位。事权分布多个部门，各自为战，各行其是。碎片化治理，投入精力大，事倍功半。

家有三件事，先拣紧的来。兵马未到，方案先行。

"11.19"后第5天，出台了《南通市打好碧水保卫战实施方案》；9天后，《濠河片区整治提升工程推进规程》出炉。

紧接着召开的"两会"，向全市人民承诺：濠河及周边地区主要河道水质指标当年达到三类水目标。

谋定而后动，奋楫勇争先。指挥部发令枪一响，早已憋足了劲的市水利、园林、建设、文旅、崇川区闻风而动，各路人马按照分工，各自带着自己的任务，奔赴一线，修的修，补的补，疏的疏、堵的堵、拆的拆、建的建，全面打响了濠河周边整治提升保卫战。

在水言水，一走进水利局15楼办公区，就有一股浓浓的水文化气息。第一个映入眼帘的便是《濠河及周边水系治理图》，"控源截污、河道清淤、水系连通、活水调度、生态修复"五张作战大地图，五大任务、五大目标、五张任务分解表、五张完成任务时间表，谁干什么、什么时候干、干成什么样，一目了然。

这既是水系治理的宣言书，更是披挂上阵的动员令。

这是一场大考，这是一场决战。没有价钱可讲，没有退路可言，一切皆在行动中。

围绕五大作战图，治水故事徐徐展开。

水利局吴晓春局长说："思路一改天地宽。系统化思维、片区化治理、精准化调度，就如一把金钥匙，打开了治水思路，开拓了治水境界"。

按照这个思路，把濠河及周边45平方公里范围共划分为文峰、城山、学田等11个片区，全面排查和梳理水位差、水流向以及断头河等基本情况，分类精准推进。过去，为保区域水位及景观效果，城区建立了诸如濠河、五山片区等独立封闭水系，直接导致封闭区内水质不稳定、外部河道水体不畅。现在，因势利导、全城统筹、优化调度，打通人为阻隔，实施"全面活水、持续活水、按需活水、两利活水、高效活水和连片活水"，从而实现了整片河网有序流动。

按照这个思路，打破独立水系的禁锢，有了大河网概念，树立一盘棋思想，首批将分属濠河办、崇川区、狼山管理范围内共44个闸站，统一到市区水利工程智慧管控系统上，建成新的市区涵闸调度中心，实施统一、综合调度，常态化建立起"北引南排、西引东排"的调度格局。二期工程又接入37个闸站，将智控中心范围扩大至五山片区、新城区、创新区。通过智慧调度系统，形成一套具体到每一个闸站的调度方案，实施统一调度、分级管理、严格考核，全面提升市区水环境质量。

按照这个思路，仅水利部门年内就完成了运料河、金通河、战斗河等25条河流的贯通、疏浚、护岸整治任务；完成了姚港一河、虹桥南竖河等7座涵改桥任务；完成了濠河及周边水系45平方公里内河道测量、清淤、活水调度、水闸泵站自动化改造任务。

按照这个思路，将主城区治水经验，在全市域推广开来，让"水利"在江海大地不断延伸。

"系统化思维、片区化治理、精准化调度"，"三化"化出一城活水。

治理历经"三步曲"，一是截污，二是活水，三是装扮。

说截污，根据"问题在水里、根源在岸上、核心是管网、关键是排口"的整体工作思路，编制了《濠河控源截污工作方案》。濠河周边排口众多，有的在岸边，有的在水下，排查任务十分艰巨。工作人员不分白天黑夜，无论刮风下面，坚持排查一丝不苟。共查出周边排口 336 个，封堵废弃排口 132 个，整改问题排口 86 个；环濠河先后搬迁 4 个大型垃圾站，12 个运粪码头，关闭 56 家重污染企业，对 13 条濠河支流进行截污整治，218 处排口整治任务均已到位。

说活水，对濠河周边区域 171 公里雨水管网进行高质量养护，濠河周边 70 余公里污水管网实现低水位运行，初步达到了"晴天污水不入河，雨天污染溢流被控制"的目标。并将长江活水引入濠河，让江水为河水天天洗澡，水清岸绿，"少女脖子上的项链"重放异彩。

说装扮，步道成环——打通了新城桥西北角、丁古角东区、西被闸东侧等堵点，连接多处滨水道节点，慢行游憩路成环，串联起南通城的古韵今风。水景通透——桂花岛的搬迁、环西文化广场的提升、市少年活动中心的改造、文峰公园的整体提升，让濠河水景锦上添花。绿意盎然——围绕滨河绿地连续化、功能化、通透化、精品化，打造了一批精品园、专类园、林荫道，形成了层次分明、色彩丰富、季相交替、四季常青、季季有花的绿色生态，形成了"水似碧玉簪、路是绿罗带"的迷人格局。

400 多个日日夜夜，400 多个风雨兼程，45 平方公里范围内，洒满了治水人和各路建设者的汗水，实现了指挥部定下的"五个 100%"（执行计划进度 100%、执行预概算 100%、执行质量标准 100%、强化施工安全操作全覆盖 100%、强化廉政建设全覆盖 100 %），当年实现了主城区三类水目标。

几何世界人们思念圆。五个"百分百"的核心即是"圆满"。追求

"圆满"是水的本性。每一滴水珠都是圆的，水比所有的东西都更看重圆满和保持圆满。水珠在将滴未滴之际，是瞬间的椭圆，坠下的瞬间又恢复成标准的圆。

清是自然色，圆因剪裁功。波如松起籁，浪似鹤翻空。

他们用双手，勇敢地划破黎明前的夜雾朦胧；

他们用汗水，迎来水清岸绿的艳阳晴空。濠河之所以有"千载碧水绕城流、白毛红掌水中游、依稀似入蓬莱境、无限风光眼底收"的今天，是一城人保护、治理水环境不懈努力的结果。

二、有文化有品位的提升工程

"乍一看还以为新盖了漂亮的房子，仔细一瞧，才知道是原建筑换上了美丽的新妆"，在濠河边休闲漫步的市民对周边新景赞不绝口。

环濠河周边建筑大部分是 20 世纪八九十年代建成的。由于规划设计和经济条件限制，建筑紧临河道岸线，造型设计简单，缺少文化内涵，与景区整体风格不协调。经过多年使用，多数外立面斑驳陈旧，违法建筑大量存在，附属设施杂乱无章，外墙涂料时有剥落，存在一定安全隐患。

围绕"一年见成效、两年大提升、三年成精彩"的目标，濠河整治提升现场指挥部牵头有关部门，开展了综合整治工程。工程从拆违拆破、附件整理、立面出新、风貌整饰等方面进行总体构思，根据环濠河周边建筑的不同品质，分别采取"修旧如旧（文物）、修旧如新"的不同办法。紧临濠河边的西南营是韩国史学家金沧江来通故居所在，年久失修。作为市级文物保护单位，在保持原貌的基础上，修旧如旧，再现古色古香的经典美。

百年倏忽而过，先贤风骨犹在。濠河之畔，又可见到一个古典而又诗意的金沧江。

另排定的 27 栋需改造的老旧建筑，主要以濠河水上游览线路范围内、景区主要出入口周边以及亮化建设重点片区内的高层、陈旧破损建筑为主，改造立面面积约 10 万平方米，屋面面积约 2.2 万平方米，提升店招店牌约 1000 米。

"上色""加钻"，周边建筑焕然一新，翡翠项链更靓了；璀璨亮丽的灯光秀，更令人赏心悦目。被智慧魅力灯光装扮一新的五龙亭，更加流光溢彩，每天晚上音乐爱好者自发聚焦在这里吹拉弹唱，让人遥想古人当年"浔阳江头夜送客"的诗意盎然。

基于濠河风景区"水抱城、城拥水、城水一体"的独特格局，坚持水上岸上同治，以水环境治理为引领，以"时空光廊、共建共享"的设计理念，涉及濠河周边 10 余公里水际线，63 处建筑楼宇，11 座跨河桥体亮化及灯光控制中心的建设。面广量大、点多线长。通过特色的夜游体验和合理的光色规划，营造出七大沉浸式夜游体验区；通过六次穿越将七大区域串联成线，突出千年濠河的静谧、雅致、繁华、原生态的历史变迁，打造出一条独具濠河神韵的夜游路线。2020 年，濠河夜景亮化工程，获得中照照明一等奖。

"南通美呀南通美，长江金带上的绿翡翠；南通美呀南通美，东海玉盘上的金珠贝。狼山雄鸡报春晓，紫琅云烟迎客归。濠河漂流绕江城，文峰塔影珍珠水。"一曲《南通美》，回荡在环西文化广场、濠东绿地、北濠桥畔、文峰公园上空。每当夜幕降临，濠河周边人头攒动，唱歌的，跳舞的，散步的，购物的，精致美丽的濠河景区，已成为全城最有人气、最具活力的"网红打卡地"。

保护和挖掘风景区的文化内涵，是提升风景区品位的一场重头戏。景区提升，既靠"颜值"，更在底蕴，有文化才有品位，有文化才有风

通州六景图

崇川童趣图

景。人是衣装，马是鞍装，河靠文化妆。濠河之所以能成为南通唯一的国家级 5A 景区，正是因为有深厚的文化底蕴。

濠河景区提升工程，忙坏了一群文化人。

2020 年 7 月 3 日，濠西书苑南广场上，两幅新的浮雕露出一角，分别是《通州六景图》《崇川童趣图》。

《通州六景图》选用了古时通州"古寺钟声""仙桥云彩""海山远眺""泮水晴波""谯楼月晓""市河春雨"六景，锈蚀的表面给人以历史的沧桑感。《崇川童趣图》为长 18 米多、高 3 米多的双面雕塑长卷。石雕和铜雕有机融合，重现了民国初年以来，本地青少年的游戏场景：有踢毽子、跳驼子、拾房子、碰拐拐、跳皮筋、推铁环、抽陀螺、抖空竹等，这几乎都是中老年人儿时玩过的游戏。建成时许多市民先睹为快，聚集在半遮的浮雕前，指指这儿、点点那儿，津津有味地讲那些耳熟能详的故事，仿佛又回到乐不可支的童年时代。

这两幅浮雕，是江海文化研究会专门组织专业人士精心策划设计、用心打造出来的又一献给濠河之滨的艺术力作。

2018 年，市政府作出全面整治提升濠河风景名胜区的决定，把濠河建设成为"南通历史文化的窗口、市民休闲生活的空间、建设精品城市的展示"。

江海文化研究会曾参与南通濠河博物馆的文案编写和艺术监理，参与过江海文化丛书《濠河》和全国首部护城河志《濠河志》的深入编撰工作，对南通的母亲河有着深刻的了解和深厚的感情。他们连同张謇研究会的近 20 位专家一致认为，濠河风景区的全面提升是个具有战略意义的重大举措，将使进入新时代的南通城因突显文化个性和历史特色而跃上新台阶。专家们集思广益、献计献策，就提升濠河风景区文化内涵，提出 6 个方面的具体建议。

市濠河整治提升指挥部充分吸纳专家学者的意见，邀请江海文化研究会负责创意构想、概念设计、深化设计以及艺术监理。除上文所说的两幅浮雕外，还有东南濠河碑廊上荷花为主题的碑刻、匾联，通大医学院沿濠河沿岸以南通近代教育为主题的浮雕组合。

为了把《通州六景图》《崇川童趣图》打造成精品、上品，负责设计的市画家侯德剑和雕塑家陶永华，精心打造、大胆创新。生在濠河边、长在濠河边的侯德剑说："过去，这儿是我们玩耍的地方，小孩怎么玩的，我们这些70多岁的老小孩都经历过。这次把我们的记忆挖掘出来，再借鉴历史照片，进行组合发挥，变成一个充满童趣的长卷。"陶永华说，和南通以往的雕塑相比，此项雕塑题材和材质都有所创新，如在通州六景雕塑上，首创双层透雕设计，虽然难度加大，但层次感、立体感更强。他数年前在英国伦敦牛津博物馆参观时，曾见到此类作品。这次将尝试用这种手法，把地方性、艺术性、现代性相结合，使得这组浮雕，既能贴合当代人的审美心理，又具有厚重的文化底蕴。

一个公共艺术品要经得起文化的考验、时间的考验、专业目光的考验，设计新颖、形态优美、材质优秀还远远不够，还要注意一些细节的处理，这对于设计和施工人员的要求更加严格，每一个细节都要十分严谨，不能留一点瑕疵。浮雕配套的照明设施，巧妙地设计成鸟巢、藤蔓的模样，和周边的树木、花草融为一体，成为一处别致的新景观。

三、濠河文化的深入挖掘

"化化妆"，为5A濠景增光添彩，濠河之滨又添新景观。2020年8月3日，在南通大学启秀校区沿河栏杆装饰板上，数十张镌刻着历史印记的精美浮雕，亮相碧波荡漾的濠河畔。除此以外，映红楼的荷花碑廊的浮雕等，都与风景区融为一体，作为濠河风景区文化提升的主要内容，在人文景观中，让人留得住记忆、记得住乡愁，不仅吸引市民驻足流连，也让濠河增添了浓郁的文脉气息。

位于城山路的映红楼，是赏荷的绝佳去处，河边古色古香的茶社，匠心独运的影雕穿插其间，两个入口处还设置了楹联。东入口是清代南通诗人范国禄的诗句：

"香花浑一片，圆叶不分波"，横批："清芬可掬"。

南入口是张謇对联：

"翻风无盖直，贴水有珠零"，张松林横批："冷香逐入"。

碑廊主体中间，一面墙为李方膺荷花造型设计，两侧为张謇题"与友放舟观校池荷花，因至纪念亭与先至诸生话言"。楹联、横匾及张謇题字，均由南通著名书法家丘石、秦能及周时君题写。

群英荟萃。一个小小的映红楼，凝聚了多少南通名人的文迹。

走进桂花岛，仿佛走进骆宾王文博馆。

休闲垂钓

这个坐落在濠河东北角、位于城隍庙与新乐桥之间的新景点，是濠河景观二期工程的一个重要节点，是一座古色古香、深藏历史底蕴、繁枝掩映、静卧闹市一隅的人文小岛。

桂花岛以骆宾王为主题，是有来历的。"初唐四杰"之一的骆宾王扬州兵败之后的下落，历代学者向来众说纷纭，难下定论。南通学者张松林通过研究大量史学文献，最终得出"骆宾王终迹南通黄泥口是有案可稽的"的结论。

骆宾王一生喜爱桂花，创作了一系列咏桂的诗句。桂花岛除了摆放骆宾王的塑像外，主要廊柱上均以他作的诗句为对联。园林中错落分布的石碑和连廊上则是邵干、姜任修、李于涛、李堂等以及南通古贤十余人颂骆宾王的诗句。

从东侧"黄泥口"入园，第一眼便看到"王杨卢骆当时体，轻薄为文哂未休。尔曹身与名俱灭，不废江河万古流"定评"初唐四杰"的千古绝句。东侧天香阁，出自诗句"桂子月中落，天香云外飘"；河边陶芳亭出自骆宾王"酌桂陶芳夜，披薜啸幽人"。岛内桂花绿树成荫，一拱形小门名"酌桂"，取闻花香、酌桂花酒之意。全岛以绿色生态为主，西半部以园林建筑为先，中间以连廊相接。

西侧秋在堂内，东西两面墙上分别是《讨武曌檄图》和《狼山骆宾王墓景图》大型铜版画，通过丰富多样的艺术形式让人们直观感受骆宾王的人格魅力和南通悠久的文化积淀。

站在亭前极目远眺，北濠河美景尽收眼底。

桂花岛周围桥栏杆的设计采用了桂花图案，由沈启鹏、侯德剑、黄培中等画家的壁画，及中国传统图案与现代化风格相结合。通过艺术的表现，让人们感受南通的文化内核，让市民、游客在轻松愉悦的氛围里接受文化熏陶。

桂花岛上桂花香，

又见当年骆宾王。

"红掌"一拨越千年，

拨得一河"清波"扬。

在桂花岛徜徉游览的市民十分欣喜地说："希望濠河畔其他的景点提升也能效仿桂花岛，将南通的历史文化与人文底蕴相互融合起来，丰富濠河周边景观，将南通文化更好的发扬推广。"

以南通基础教育、特殊教育、高等教育为主题、极具影响力的30幅钢板材质老照片，也在南通大学沿河栏杆装饰板展现。一幅幅精美的照片，生动记载着南通教育的发展史，古韵悠长。

深入挖掘城市文化，是濠河绿化景观提升工程的重点。"做一处景观就要打造一个精品，要做出让百姓认可，能被历史检验的作品。"作为展示南通历史文化的窗口，濠河景观文化提升工程，把更多的地方特色融入景区的建设中，形成自己独特的文化身份标识，唤醒南通人的家园记忆，让大家记住乡愁，也让南通城更有品位。

四、千年濠河的神韵

2019年6月2日,中国森林旅游节南通濠河国际龙舟赛激情上演,20支来自五湖四海的代表队再次集结濠河风景区，一决高下。形体各异的龙舟，五颜六色的赛装，一声令响，鼓浆争流、追波逐浪，如离弦之箭，奋楫争先。

濠河龙舟赛自2016年开办以来，影响越来越大，一切皆因濠河得天独厚的水域和优美迷人的风景。"以水为桥，以舟会友"，搭建起水连五洲的平台。这次参赛的 20 支队伍，国外境外的外埠参赛队就有 12 支之多。现场直播、掌上转播，一场赛事，万众瞩目。参赛的、观赛的，半是冲着赛龙舟，半是冲着游濠河。

第一次来这儿参赛的英国队的朋友，用不太流利的中文说，我多次去过塞纳河、威尼斯，虽然濠河的体量比不上这些大河，但她特别精致、特别秀美，河道弯弯，水清岸绿，景色迷人，有机会我还会带着家人来。

因水而兴，因水而美，环濠河大型绿雕，把通城装扮得多姿多彩。西公园绿地北侧下沉广场的绿雕，以梅兰竹菊为主题，高 8 米，宽 14.4 米，气势宏伟，尽显濠河景区的风光。环西文化广场的两组绿雕，"琴弦跳动"中的"不负韶华"，广场南侧 8 米长的花廊，把主城"双塔"

龙舟竞渡

（电视塔、王子大厦）连为一体，让濠河水显得格外神气，展现了"一个因水而灵动城市"的神韵。

最令人注目的是钟楼广场"巨龙飞跃"的绿雕，以通城地标钟鼓楼为背景，绿色雕成的巨龙，高高扬起神气的头，双目炯炯有神，龙身跃跃欲起，一展龙腾巨欢的雄姿。

文化符号是种人文寄托，以诗言志，借物言志，"巨龙飞天"的绿雕展示的，不正是江海儿女追江赶海、一跃飞天的气势？

钟楼上那幅12米长的对联"江载风来，路接青云，碧水笑迎千里客；海燕韵起，楼腾紫气，晨钟敲响一城春"，道出了一城人的心声。

"江海龙"，腾跃在千年的谯楼之巅，腾跃在神奇的濠河周边，腾跃在奔腾的长江之畔。

2021年6月30日，在濠西书苑"五亭邀月"处，"我为妈妈庆生——南通市庆祝建党100周年红色诗文诵读会"如期举办。通过电视直播，人们不仅倾听到任晖、吴培军《真理到味道非常甜》《播火者》激动人心的讲述，聆听到李中慧、许迅《信念永恒》《中国站在高高等脚手架上》慷慨激昂的朗诵，而且还欣赏到濠河的精致和秀美，一切让人陶醉、让人神往。

流淌千年的濠河，流淌着千年神韵。

通吕运河枢纽工程

枢纽工程引吭"大河东流"

时间：2018 年 10 月 29 日—2019 年 5 月 30 日

地点：通吕运河

提要：通吕运河西起南通，东至吕四，贯穿崇川区、通州区、海门区、启东市等区域，全长 78.85 公里，其中，通吕运河市区段全长 13.5 公里，是连接崇川区的枢纽河道，被称为南通"第一运河"。

通吕运河开凿于 1265 年。1958 年，根据《通吕启地区水利规划》，从启东吕四到南通城区，200 里的工地上，40 万名民工脚踏冻土，冒严寒，顶朔风，号子震天，上下挥舞铁锹，泥担穿梭往来，艰苦奋战，开挖了这条横贯南通东西的水路运输大通道。1976 年，经过 33 万民工的连续奋战，通吕运河完成了新中国成立后的第二次大规模疏浚。2018 年 5 月，闸站一体的通吕运河水利枢纽工程正式列入为民办实事工程，是新时代南通水环境治理的"牛鼻子"工程。

一、一条河，世代梦

在南通水系地图中部，横贯东西的那条最直的蓝线，便是有名的通吕运河。通吕运河是条举足轻重的河，一条河连着几代人的梦。

通吕运河水利枢纽工程是中共南通市委、市政府落实习近平总书记"绿水青山就是金山银山"新思想的具体实践，是新时代南通治水精神的生动写照，是实践"善水利民"的又一杰作。

枢纽者，主门户开合为之枢，提系器物为之纽，是指事物的关键部位，事物之间联系的中间环节。水利枢纽工程就是为了综合开发和利用保护水资源，防洪涝、干旱而修建的不同类型的水工建筑物。这些建筑物有机的布置在一起，控制水流、协调运行，达到"水随人意"的目的。

通吕运河水利枢纽工程位于通吕运河长江口门处，距长江口 2.2 公里，主要包括引水泵站及节制闸，是南通市首座闸站一体设计施工建设的大型水工建筑物，总投资 4 亿元。工程采用闸站结合方案，防洪设计标准为 100 年一遇，区域除涝标准 20 年一遇，工程等级为二等规模大（Ⅱ）型。工程新建单向引水泵站，设计引水流量为每秒 100 立方米，采用 3 台套竖井贯流泵机组，单机流量每秒 33.3 立方米，总装机容量 4800 千瓦；新建水闸 10 孔，单孔净宽 10 米，设计排涝流量每秒 650 立方米，最大排涝量为 1300 立方米每秒，引水流量为每秒 480 立方米，引排灌溉范围受益面积约 637 万亩，排涝范围约 64 万亩。

一开始，业内人士并不看好这个工程。有人认为，长江入口的通吕运河上有个节闸制，再建是不是重复建设；还有人认为，通吕运河到九圩港船闸只有几里路，再建新工程，会不会功能重复？

经过专家团队的反复论证，形成了"因水造势"的共识：常言说得好，为有源头活水来，对南通而言，这个"源头"就是天赐长江之水。南通城区地势低平，地面高程低于长江的高潮位，顺势而为，利用长江的高潮位的势能，可以源源不断引来活水。虽然通吕运河与九圩港闸站只有几公里远，但各管各河，东园不管西籍，九圩港闸站对通吕运河水位影响甚微。老节制闸超龄服役不建泵站，发挥不了"枢纽"的作用，靠自流引江不能满足区域用水的需要。利用泵力引水，可根据需要控制供水、用水，同时可以增加城区水源及水体的流动性，维持内河通航所需水位，活水长流，改善区域水环境。从长远看，这是全市沿海地区快速发展的迫切需要，是优化供水格局的需要，是高标准农田建设和农业结构调整、解决时段性缺水的需要，也是解决平原河网地区水动力不足的需要。

二、圆梦工程

长期以来，由于暴雨的冲击，泥沙的流入，再加两岸乱挖、乱倒、乱排，通吕运河伤痕累累；河道变浅、变脏、变淤塞，已经远远不能适应时代发展的需要。兴建水利枢纽工程迫在眉睫，势在必行。

市委市政府成立指挥部，徐惠民市长亲自任总指挥，分管农业的副市长赵闻斌和分管城建的副市长吴永宏任执行总指挥。市政府副秘书长倪永平、景安分别牵头负责前期审批工作和施工组织协调。市城建集团董事长李唯贤挂帅，抽调 20 多人成立项目部；水利局局长司祝建挂帅，抽调 20 多人负责前期工作，并落实节制闸管理所成立现场服务组负责协调现场施工。

时不我待，加班加点搞项目论证，夜以继日搞项目设计，马不停蹄跑项目审批。

7 月 24 日，获批项目建议书。

9 月 12 日，获批工程可研批复；17 日，获批工程初设批复；29 日，获省水利厅工程规划同意书批复。

10月19日，通过施工图审查；29日，进场开工建设。

前期手续创造了全省同规模水利工程建设前期工作进展最快的奇迹。

进场施工要比想象的困难得多。河底淤土层的厚度，大大超过施工方的预期，导致降水作业不畅，不得不采取"反开挖"方式，方便大型机械进场施工。打桩也因为承重力等原因受阻。开弓没有回头箭，再硬的骨头都得啃。负责施工的市城建集团攻坚克难，苦干实干加巧干，攻克了三道围堰的合龙、清淤降水等难题。

浇筑底板是水利工程主体的基础工程，也是重要的节点工程。经过施工单位昼夜奋战，一个多月后，2019年1月23日，终于完成第一块底板的成功浇筑，标志着工程进入全速前进阶段。"这块底板的成功浇筑，为以后4块底板的浇筑提供了经验。"通吕运河水利枢纽工程

南通市通吕运河水利枢纽

项目副经理李勇如是说。

工程施工期间有 70 多天雨雪交加天气，再加之基坑开挖施工条件恶劣，机械无法进场施工。气候变化和施工条件导致工期压力陡增。面对困难和挑战，水利部门会同施工方联合作战，抢晴天，战雨天，"5＋2"、"白＋黑"，与工期赛跑。在保证质量和安全的前提下，带着问题和图纸进场，带着答案和办法施工。依托科技创新、管理创新，不断优化工艺，适时调整工序，提高施工水平，快速推进工程实施。李勇说："平时说得最多的是个'抢'字，听得最多的是'三分天注定，七分靠打拼、爱拼才能赢'的小曲。工期非常紧，必须确保在 5 月底主汛期到来前，完成水下部分的施工。为了保证工期，施工人员是在工地上过的年。"

2019 年 5 月 30 日，顺利通过水下验收；6 月 20 日，水闸开始运行；12 月 30 日，正式启动机组试运行，实现了"两个确保"工作目标，成为江苏水利建设史上，工期管理、质量管理和效率控制的水利教学最佳教案。工程获评 2019 年度"江苏省水利工程文明工地"，并创下新中国成立以来南通市水利工程单体最大、审批历时最短、开工建设最快的纪录。

这是建设者汗水和辛劳的结晶，是创新与智慧的结晶。

老天喜欢捉弄人，先是加长版的梅雨季，不该水多的时候，却是连绵不断的雨；接着又来了个加长版的大伏天，需要水的时候，又不见了雨。又是涝，又是旱，明摆着是冲着刚刚建好的水利枢纽来的。

2020 年 8 月 13 日，接到泵站开机指令后，一线工作人员立刻投入工作，对 3 台机组 20 余项巡检内容逐一进行检查，从中控到高低压室，从液压站到循环水系统，从电机、齿轮箱到水泵主体，从厂房一楼地面高程 7.65 到水泵井层副 8.65，巡视一趟约需半个小时。这样的巡视检查，每2个小时要进行一次。

8月1日至19日，通吕泵站共运行605.6台时，提水量8377.5万立方米，通吕闸引水16潮次，引水量6291万立方米。面对高强度运行要求，节制闸管理所切实落实责任制，与委托管理单位密切配合，做好水闸和泵站的运行、维护和管理，严格执行巡检要求，确保按流程规范操作，确保安全高效运行。新的水利工程枢纽"水"力全开，全年可引提水16亿立方米，保证了区域用水需求，增强了城区水体流动性，改善了水生态环境，受益范围辐射沿河各地。

三、大河两岸皆风景

通吕运河不仅仅是一条河，也是南通人治水的见证，是水利人顺应自然、利用自然的范本。

自古以来，人们逐水而居，赖河流而生息，经济因河流而繁荣，城市因河流而建立，得水利而兴盛。爱水护水，就是保护好自己的家园。

2013年开始，根据生态环境保护和建设的需要，《南通市城市总体规划》对运河两岸进行了重点规划，通吕运河定位"第二生态圈"。当年通吕运河西延至长江时，入江口设计了船闸与水闸两条水道，分水岛由此形成。多年来，这座狭长的小岛，犹如一柄长剑镇守在运河入江口。历经岁月，岛上植被日渐丰茂，但由于缺乏规划管理，分水岛一直处于"野蛮生长"的状态，打造分水岛景观的呼声日益高涨。

2020年，按照江海相依、城景相融的"崇川样板"、水清岸美共融发展的"繁花绿岛"的愿景，开始了全新改造。杂乱树丛被移走，矮坡"穿上"了草皮，巨大的彩色"花朵"迎风绽放……景观提升改造工程如火如荼推进。

经过一年的苦斗，2021年春节后，分水岛东区一期工程完成施工。一个春有鸟语花香、夏有绿树成荫、秋有万紫千红、冬有梅樱争放的分水岛，将一展"此处无时不春风"的风采。

清波荡漾的通吕运河，两岸绿叶摇曳生姿；分水岛上的莲花广场、如意广场造型别致，耐寒的花草涂上了四季如春的色块。爬上高坡西望，分水岛就如一条色彩斑斓的巨龙，由长江缓缓游来，而横跨南北的运河枢纽工程，一字儿排开，犹如列队迎龙的仪仗队。朝东望去，坐落在绿树丛中的城闸大桥，尽显"一桥飞架通南北"的风采。这儿融合了自然山林盆景意境，犹如镶嵌在运河中的一颗明珠。

运河提升工程从源头向纵深延伸。作为绿地系统与水治理重点保护对象之一，在治水、种绿、建桥的同时，逐步推进沿岸工业企业搬迁，已有80%以上工业企业已搬迁或正在搬迁。在大力截污、疏浚、整治的基础上，将自然景观与人造景观相融合，全力打造景观护岸、生态护岸、绿色生态长廊、五水商圈、超大型临水休闲公园、面水开阔绿地、亲水平台、高规格的绿化带和沿河街区的巧妙衔接，文化娱乐设施与居住区相邻，形成了一条流光溢彩的城市全新景观带，如待墨长卷，静静地流淌，穿过城市的心脏地带，沿途风光一片大好。

这是一条雄性的河，浪涛拍岸，活力勃发，让人感受到"水利万物"的力量；又是一条慈母般的河，静谧的河水，日日夜夜不知疲倦的流淌，把长江与大海紧紧联在一起，把水系主动脉与"毛细血管"紧紧联系在一起，像一首深情的母亲摇篮曲，像一部激荡的命运交响乐，回荡在运河两岸的大地上。

诗在远方，也在近处；诗在星空，也在水中央。水润之处皆风景。

位于通吕河畔的南通水上乐园，依水而建，借水发挥。这是南通市目前娱乐设施顶级、项目最齐全、环境最宜人的"水上迪斯尼"。采用先进的数控技术，先进的紫外线杀菌系统，保证水质安全。"全家总动员""飞天双龙""太空飞毯""熊出没水寨"等项目，因水而设、因水而乐、因水而浪。"三人巨碗"滑道组合，先是穿越水晶通道，然后俯冲到一个巨大的碗中，随后会被一个突然出现的巨大黑洞猛然吸入，突如其来的变化，又生动又刺激。因为保持恒温，冬暖夏凉，无论是酷暑还是严冬，均可乐在其中。从这里往北 7 公里，就是南通市森林野生动物园和与她比邻而居的奇妙农场。园区内茂密的树林和奇异的花木，都得益于清澈的河水滋润，尤其是奇妙农场，园区不仅有荷花、睡莲等水生植物，有智能控制的雾凇、喷泉、彩色水柱等，可供观赏，还引进了"阿基米德取水""水上高空威亚""山洪暴发"等大型游乐设施，寓教于乐、生动有趣、恢宏磅礴，与山水如画的园区景致形成动静结合的 3D 自然体验。

与南通水上乐园遥相呼应的是通州的世纪公园。一河清水横贯通州东西。曾经这里化工企业集聚、生活垃圾遍地。这几年，加大综合整治力度，关闭污染企业 20 多家，整治面积达 30 多万平方米，取而代之的是公园、绿地、景观绿廊，运河景观一直延伸到石江公路，全长 15 公里，绿化面积逾 16 万平方米。水清岸绿，呈现出"一条大河波浪宽，风吹稻花香两岸"的美丽画景。

夜幕降临，一曲"今天是个好日子"的悦耳歌声，从河畔的世纪公园悠悠飘起，吸引了四邻八舍的歌舞爱好者。一个名叫"音滋萨爽"的乐队，经常来这儿为老百姓免费演出。乐队鼓手小赵说，几年前，这儿印染厂、建材厂星罗棋布，废水废气乱排乱倒。后来整治的整治，搬迁的搬迁；如今运河两岸少了污水浓烟，多了片片绿色，世纪公园如绿宝石镶嵌在河岸上。这儿既是老百姓休闲娱乐的好地方，也是我们乐队排练演出的好地方，这环境，这气氛，既能引发我们的创作灵感，又能调动我们的演出激情，这才有了"英姿飒爽"的美感。

月夜泛舟河上，两岸华灯初放，清风徐来，水波荡漾。现在的运河水清岸绿，空气清新。人们每天晚饭后，都要到河边走一圈，就如进了大氧吧，尽享两岸美景。

> 大河向东流，流进十里荷塘；
> 大河向东流，流进万顷良田；
> 一城清翠一城绿
> 水清岸绿河水畅……

清源广场

清源广场倾听"泉水叮咚"

时间：2019 年 1 月 10 日—2019 年 3 月 30 日

地点：城山河道

提要：城山河是一条与城山路平行的三级河道，南与狼山景区相连，北与濠河景区相通全长 5300 多米。2008 年，实施河道清淤及护岸整治工程，是城山路边的一条景观河道。

一、受伤的"金腰带"

城山河与城山路相依相偎，北连濠河风景区，南接狼山风景区，把南通最被看好的两片风水宝地连为一体，一条"金扁担挑起两个黄金蛋"。有比喻说，如果说濠河是主城的"翡翠项链"，那么，城山河则是主城的"金色腰带"。

为了让这条"金腰带"变得更靓，在保护、治理上，市政府没少花功夫。为完善功能、提升水质，2016 年，启动了城山河南闸及河道疏浚工程。城山河南闸位于长江路南侧，与西山河新闸、永红河闸、园林河闸"四闸一体"，在啬园路以南形成五山片区独立水系，有效解决该地区的水体置换、防洪防涝等。与此同时，北至虹桥路，南至五山小学，进行了十里河道清淤。城山河在水利人的辛劳和汗水中，水变清、岸变美。

位于城山河与虹桥路交会处的清源广场，这里不仅有假山瀑布，还有借助城山河的景观带成为以水为媒的游乐园。站在城山路南侧向北观看，清源山的两组瀑布，虽没有"疑似银河落九天"的壮观，也不失"飞流直下滔滔飞"的洒脱。与清源山相对应的"铁索桥"，把河东西两岸连为一体，水岸绿树成荫，河中流水潺潺，把整个广场装扮得如诗如画。

然而，"金腰带"也有受伤的时候。因市政建设中的"一不小心"，一条穿城而过的东西路，把南北走向的城山河一分为二，让连为一体的两条河，成为两不相干的断头河，出现了"清源无源"的尴尬。沿河两岸经常接到举报。

二、清源山"泉水叮咚"

治理城山河黑臭迫在眉睫。要实现濠河为城山河高效配水，就要实施水系连通工程，将濠河与城山河贯通。而要实施贯通工程，按照惯常的做法，就必须大面积开挖已建成通车多年的虹桥路，安放涵管，实现上下河的连通。虹桥路是条横贯东西的城区主干道，大面积开挖，即便分幅施工，也会因为工期长、影响面广，从而给人民群众、车辆通行带来诸多不便。

赵瑞龙带领治水团队，反复踏勘现场，多次比选方案，最终决定避免二次开挖，因地制宜，利用清源广场瀑布原有进水管道连接濠河，为城山河供水。在研究清源广场景观施工时发现由于广场河底高程偏高，导致濠河水无法利用水位差自流入城山河。治水团队又对方案进行优化调整，在灰堆坝西侧，新建1座3台2.5立方米/秒的泵站，利用泵站提引濠河水，经管道输连城山河，让北水南流。

2019年1月10日工程开工，连续3个月的艰苦奋斗，连续3个月的精心施工，连续3个月的披星戴月，3月30日正式竣工。开泵放水的那一天，治水团队眼见濠河水哗哗地流进了城山河，洗去了城山

清源广场工程

河一身的污垢，又恢复了当年"亮晶晶、透心凉"的模样，个个心情激动，热泪盈眶。世界上还有什么比品尝自己的劳动果实更加甜蜜的？

一个九百万元的水程工程，就这样静悄悄地完工了，既没有扰民，又没有扰城，堪称中心城区水质提升工程的"典范"。"用好一根管，连通两条河；开启三台泵，活了半城水"的工程经验值得总结、值得推广。

这正是：

一条水管三个泵，犹如水流按心脏。

高低落差波澜起，河水汩汩流得畅。

城山河的活水改造，让这条古城河又焕发出青春活力。两棵高大绰约的老槐树，倒映在水中，成群结队的小鱼儿时不时围绕树影剥嘴

城山河

曹顶公园

戏闹。两棵已过百年的罗汉松,青翠滴绿,把清源广场装点得栩栩如生,有了水的滋润,才有了根深叶茂的沃土深情。它们是城山河百年变迁的见证,是城山河结缘濠河的"月下老人"。

城山河沿岸风景如画,名胜古迹比比皆是。向北流,到了三元桥,左边是美丽优雅的九曲桥和"濠河十景"之一的启秀园。右边是"补山水之形胜,助文风之盛兴"的文峰塔。走进启秀园,一股淡淡的清香扑鼻而来,沁人心脾,令人不由得深深吮吸起来。碧波荡漾的南濠河水,翠绿欲滴的荷叶,衬托着粉红的荷花,是"接天达叶无穷碧,映日荷花别样红"的赏荷最佳去处。漫步曲径栈道,绿叶红花、清雅可人。流连其间,让人有离尘脱俗、如入仙境之感。

城山河沿岸绿树成荫,既有婀娜多姿的垂柳,也有一柱擎天的水杉,既有碧绿挺拔的白玉兰，也有"沿岸十里香"的丹桂花。在城山河与海港河的交界处，新建的曹顶纪念公园占地 10 公顷。公园内，在绿树花草掩映中，巧妙地设计了众多的亭、台、廊、榭，通过楹联、诗词雕刻、印章、浮雕等形式，把古代文明与现代文化融为一体，古色古香，文化味十足。在园内的长廊上，几乎每天都有音乐、舞美爱好者来这儿，或是排练，或是演出，把歌舞升平的气氛传递给络绎不绝的游人。

城山河向南流，来到五山片区，眼前呈现出"最美不过今时秋，青山隐隐水悠悠。枫衣鸥翔玉嘴鹭，群捕鱼儿溪影流。雨霁天晴彩虹挂，丛林尽染枝枝秀。四野飘金诗中画，一植氤氲熏村头"的胜景。

"泉水叮咚、泉水叮咚，泉水叮咚响"，这优美的歌声跳过楼宇，走过草地。一群小朋友穿着统一的校服，在老师的指挥下，正在高歌《泉水叮咚响》。这歌声飘荡在清源广场，回响在沿河两岸……

干休所拓扑导流墙

拓扑导流引来"流水不腐"

时间：2019 年

地点：文峰片区

提要：干休所南侧河虽与濠河相连，但由于水位原因，濠河流到宝塔河后，河水就被滞留在干休所河与文峰花苑西侧河，导致上述两条河及文峰饭店西侧河、文峰新村北侧河等 6 条河成了断头河。一条不通，条条受阻。多年来，虽经多次整治，但治标不治本，6 条断头河的问题未能根本解决，水质、水环境未能根本好转。

2018 年年底，市水利局按照"系统化思维、片区化治理、精准化调度"的思路，采取控源截污、自然活水、自然做功、自然净化的"一控二自然"做法，着手对文峰片区进行水环境治理，向"断头河"打响第一枪。

断头河，仿佛人体血脉中的栓塞，水流不畅，易成为死水一潭。据统计，濠河及周边共有78条河道，其中水系不畅的断头河就达44条。文峰片区断头河最多，发黑发臭的恶劣水质直接影响、危害到居民的生活。

越是难做的事，越是磨练人的意志；越是难缠的地方，越能发挥人才的作用。"要捏就捏个烫手山芋、要放就放个响炮仗"。于是，干休所南河自然成了突破口。

虽然生于斯、长于斯有了十几年甚至几十年，似乎对这片热土上的一河一草并不陌生，但真要说起水治理，一个个半点都不含糊。治水就如绣花，不但要布局，更在精细，来不得半点马虎。一遍又一遍地实地踏勘，一轮又一轮地精推细磨，跟着河流走，查看河道走向，寻找最佳方案。"确保每一条问题河都能找准病因、确保每个整治方案都对症下药、确保每一项治理方案都切实可行"，三个"确保"犹如射向断头河、黑臭水的"三梭子"，发发命中，使污泥浊水无藏身之地。

城市河道水环境治理，连通断头河、打通任督二脉，才能水通河畅。治理断头河通常有两种办法：开挖明河，河河连通，不好开挖明河的，就管涵连通。而文峰片区是主城的核心片区，居民小区多、公共机构多、人员密度大、建筑密度高，牵一发而动全身。开挖明河连贯，动作大、投资大、拆迁难度大、社会成本高，显然行不通；两条近距离的河，可采用管涵连通，而距离一远也行不通。面对44条断头河这个"马蜂窝"，就得另辟蹊径，向创新要办法。南通特聘水利专家赵瑞龙是个足智多谋的行家，他根据南通水系的特点，量身定做的拓扑导流墙派上大用场。

　　一个小小的拓扑导流墙真有这能耐？要知道梨子的味道，先咬它一口。崇川城建系统两个好奇的青年曹建军、马国健将信将疑，偷偷地在任港河做起了试验。不试不知道，一试真开窍，小小导流墙，就是那么神奇，花钱少，效果好，工程不复杂，一下就让断头河活水流，能起到四两拨千斤的作用 。

　　偷偷地试验，带来意外的收获，既然不贵又好使，何不大行其道？干休所河等4条河都用上了拓扑导流墙，再加之箱涵连通、藕花池迁移，濠河流淌不再有堵点，而是按人们"希望"流动的方向流动，直接进入文峰饭店西侧河；完成自循环后，进入文峰新村北侧河、文峰花苑西侧河，最后经干休所河进入八窑河。

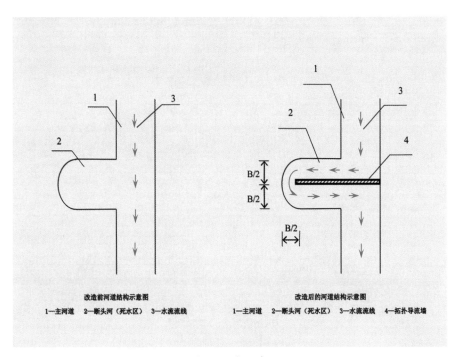

拓扑导流墙示意图

　　长江源源不断引入濠河，濠河就成了一个天然水库，一举疏通了周边所有的堵点、所有的断头河，"毛细血管"都自然连通。

　　水是有知性的，不仅喜欢干净，而且喜欢艺术。给点艺术，她就灿烂。

　　站在干休所河南河岸边，一个神奇的景象让人大开眼界：河中间有一条绿色的"长龙"，"长龙"的南边，河水由西向东奔涌而来，在"长龙的龙头处"（断头河的尽头）美妙地向北拐了一个180度的弯儿，掉头由东向西继续奔涌向前。这条"长龙"便是名不见经传的"黑科技拓扑导流墙"。

　　站在岸边的保洁员，顺着水体的流动，"守株待兔"，毫不费力地将跟着水流的落叶、垃圾，用网兜打捞上岸。

　　"片区化治理"，带来了"流水不腐"的良性循环。

文峰闸坝

2020 年 6 月 14 日，省广电总台来通采访，专题报道：干休所南侧河是条断头河，整治前水体不流通，水质黑臭。通过拓扑导流墙以及箱涵连通工程，再利用濠河与八窑河天然水位差，实现水体自然流动，激活死水区，让断头河活水流，河道水质持续稳定改善。

家住文峰干休所的老施，喜欢经常在河边转转，看到流动的河水变清了，喜笑颜开，主动靠上来，高兴地对着镜头说："我住这里几十年了，以前水不流动，加之有人往河里乱排乱倒，河水又黑又臭，成了大汪团（垃圾水坑）。河道整治后，这水质又回到可以淘米洗菜、下河游泳的时代了，太让人高兴了"。

烈日炎炎，工程技术人员曹慧蓉冒着一头的汗，正在向前来参考取经的客人介绍文峰坝闸的改造过程。

文峰坝闸是控制文峰片区水流的咽喉，上游是宝塔河、干休所河，下游是八窑河。利用北闸老闸孔的同时，在南侧新建一闸孔，巧妙实现了"一闸两控管三河"的效果。水位控制要做"巧"功，通过对文峰坝闸的自动化改造，实现对该闸的远程控制，闸门开度精确到 1 厘米。在区域内断头河全部贯通的前提下，利用濠河与外围城区河道有 50 厘米左右的自然落差，合理控制两座闸门开度，合理配置河道流速、流量，激活区域内所有河道，同时向下游八窑河、学田一河、学田二河区域供水配水，增大过水断面，增强水动力，促进水流动。

客人们在现场亲眼看见随着文峰坝闸门徐徐上升，坝西的河水直流而下，向东流去。一群小鱼从水面跳起，好一幅鱼翔浅底的画面。客人们高兴地说，来得早不如来得巧，我们现场目击了远程调控的力量。曹工说，以往人工开闸，又费劲，又不好控制流量，流多流少只凭感觉。实现智慧远程控制以后，坐在控制中心，"秀才不出门，全知水的事"，调多调少，直接遥控指挥，既轻松又准确，向"水随人意"走近一大步。

　　"一城清水入画来"。文峰片区的改造，水利人用汗水和智慧留下
"三巧一省（节点改造方案巧，专利技术活水巧、水位控制做功巧、工
程投资确实省）、首发命中"的宝贵经验的同时，更留下一河的幸福感、
获得感。

胜利河闸

胜利河畔又见"小桥流水"

时间： 2019 年—2021 年

地点： 新桥片区

提要： 位于钟秀街道联合村的胜利河，东通海港河，西至联合村，全长 2000 米。因为是条断头河，水体常年黑臭，氨氮浓度一度比劣五类超 20 倍，成了周边环境治理的老大难，南通电视台曾多次曝光。

2014 年 5 月，在省环保厅点名批评的黑臭水体河中，胜利河名列其中。

综合治理后，死水复活，惠及一河两岸上千居民。

一位 70 年代参与挖河的老人说，记忆里，当年河道清澈，可以行船、养鱼。随着河岸居民增多，乱搭乱建的、乱排乱倒的，水质一年不如一年。

搞了5年河道保洁的张瑞泉说，污染的主要源头是生活污水直排，生活垃圾乱倒，河内沉积物增多，河床淤泥腐烂发酵，水体自净力弱化。不少市民反映，"夏天一来，胜利河臭不可闻，鱼虾大量死亡，蚊蝇到处飞"。

多年来，胜利河一直在治理中，但效果甚微。2018年10月，就连省建设厅、省环保监测中心都专门派出专家组到胜利河进行检查、督促、现场指导，虽然起到一定的推动作用，但未解决根本问题。

水利局蔡莉副局长讲了被一根"几"字管折腾的故事。新桥中心河（川水港）本来是条畅通的河，有一段时间，水体开始变黑变味。起初怎么也找不到原因，要调原始图纸看，相关部门不是推脱人不在，就是借口找不到。无奈，只好亮出行政执法的牌子，才查到了原始图纸。原来，一家商务酒店当初建酒店的时候，为了省事图方便，只埋了根"几"字形的管子，穿过工农路。因为不专业，管子底标高，比正常水位还高，使管道成为聋子的耳朵，好好的一条河被拦腰斩断，便成了断头河。

胜利河，取了个正能量满满的好名字，还得赋予其相应的内涵，才能实至名归。胜利河，老百姓天天盼治理"胜利"。

水利部门会同区、街道三堂会审。经过反复踏勘，反复研究，弄清来龙去脉。导致新桥片区河道黑臭的原因，是金通河上的钟秀泵站规模偏小，水源不足，分流比也不合适。从钟秀泵站引进的水，95%左右流入了金通河，只有5%左右流入胜利河，而大小胜利河本身又是断头河，相互之间不贯通，水动力不足，成了死水一潭。

整治胜利河，必须跳出"一河一策"的老路，放在整个新桥片区的治理范围考量。

找到病根，对症下药。

综合治理，五发炮弹射向污泥浊水：一是加强污染源排查管控，拆违建22处，总面积1800平方米；二是清理河岸无序堆放；三是加大

问／渠／那／得／清／如／许

巡河督查力度；四是切实搞好、护好河岸绿化；五是加大长效管理力度。

首先扩大水源，把金通河钟秀站由1.7个流量扩大到4个流量，又在金通河加了个水闸，把八成水量分流到大小胜利河。建了泵又建了闸，目的是抬高这个片区的水位。起初定的是2.8米，哪知高了，老百姓举报说"淹了树"。水位低了不行，流量不足；水位高了也不行，会带来暗涝。

治水充满辩证法，才有了"智者乐水"一说。不怕麻烦，通过反复试验、观察，控制在2.63—2.75米，效果最佳。再利用地下顶管连贯大小胜利河，并在河道中央筑起拓扑导流墙，让水回流到金通河。这样使整个片区的河道连为一体，充沛的水源得到充分的利用，河道就有了活水。

由于水闸把水位抬高，形成水位差，还使得附近的新桥中心河、新桥三河、濠东河这些断头河、臭水沟都有水流，周边的河道，统统活了起来。这个片区水系通过截污、清淤、建闸、建导流墙等一系列改建，氨氮指标常年保持在1.0mg/L（毫克/升）以下（地表水Ⅲ类水质的氨氮指标为≤1.0mg/L）。

大小胜利河的新生，是"系统化思维、片区化治理"的代表作，是打造最美居住环境的样本。水清了，景美了，鱼多了，水清岸绿，鸟语花香。一位在河边住了十几年的退休老师说："今非昔比，又见小桥·流水·人家，诗意般的栖舍，这才是我们老百姓想要的样子。"

"以前到了夏天，人在河边走，腿上全是蚊子。"因为濠东河的黑臭，家住郭里园新村的潘龙海先后向有关部门反映了多次。可当城建人员准备入场施工时，居民却怎么都不让进场。原来濠东河距离居民楼较近，河沿岸的围墙、岸坡有了几厘米的裂缝，居民们怕现场施工会影响房屋安全。既要河道清淤，又要保护好楼房安全，崇川区建设局会同城建中心，用双排钢管桩、高压旋喷桩，对岸坡进行加固，把破损的围墙换成更加通风透光的栏杆。

为保障住户的出行安全，河面上破损的石桥也换成了承重性更好的钢结构桥。治水、护坡、建护栏、修桥，综合改造、一气呵成，周边小区大变样，旧貌换新颜。河道水清景美，久违的水鸟也回来安居。"从郭里园到小石桥，沿河上千户居民都拍手叫好"，潘龙海笑呵呵地说。

诗人从此经过，留下野唱一首：

> 你张开有力的双臂，
> 留下碧波轻扬。
> 解开尘封的船桨，
> 谁与你递水行航？
> 你是湖光山色，
> 你是一池荷香，
> 你是千年题墨，
> 你是妙手文章，
> 你是生命的乐章，
> 把风雨坎坷变成过往。

这是献给市政建设者不辞劳苦的歌，这是献给水利人辛勤耕耘的歌，这是献给以民为本、为民造福的歌。

治水是什么？就是为民造福，这条条清水河，流淌的何止是清水，也流淌着水利人"善水利民"的初心。

小桥流水，画舫丝竹，如歌、如梦、如缕、如烟，潺潺流水、绿意盎然，好似一直颠沛流离的心，在忽然间找到了心灵的原乡。

永红河

永红河上我们"荡起双桨"

时间：2019 年—2021 年

地点：五山片区

提要：永红河位于狼山国家森林公园内，西起城山河，全长898米，河宽约 6 米，是五山片区一条重要的排水河道。五山片区濒临长江，有永红横河、裤子港、西山河直连长江。五山片区和新城片区共有30多条河，先前水体流动性极差，河面上常年漂浮着绿藻，其中南剑界河、花园路南河、南郊中心河等 6 条河道为黑臭水体。

2015 年 4 月，江海明珠网上一条"永红河河网疯长，谁来一网打尽"的帖子，把永红河推上舆论风口。帖子说，2012 年、2013 年，水利部门曾对永红河进行过整治，河水好了，鱼儿多了，又带来新的问题。最近有市民发现，永红河里长出不少渔网，大多是附近居民所设，主要用来捕捞鱼虾。在河道里违规设置渔网，不仅影响河道环境卫生，还会破坏生态环境，降低河道的泄洪能力。

永红河被曝光不是第一回。2014年5月14日，省环保厅召开新闻发布会，列入计划的113条河流中，有43条未达标，南通永红河榜上有名。

省厅表示，对整治不力、污染问题严重、群众反映强烈的河道，省厅将采取行政手段、会同有关部门，对有关责任地方通报批评、约谈政府相关负责人，并实施挂牌督办；整治不力的地方，暂停省级环保专项资金补助和各类环保创建、取消创建评优资格。

永红支河

真佩服古先贤造字的想象力，一个"污"字，由"三亏"组成。省厅的通报，正是"一污三亏"的具体实施，只要不把"污"治住，名、利、钱三方受损。三管齐下，这回是要来真的了。

永红河成了"网红"，但不该以这种方式成为"网红"。

压力在外更在内。不把"污"治好，河道受损、两岸环境受损，经济发展受埙，这才是一"污"三亏的实质。

把环境敏感期，变成环保转型升级期，治污不仅是为别人，更是为自己。市、区、街道谁也坐不住了，三位一体，整体联动，心往一处想，劲往一处使，齐心协力向"污"开战。

吸取以往整治的经验教训，这次整治没有走"一河一策"的老路，而是跳出就事论事、就河治河的老框框，按照"系统化思维、片区化治理"的新思路，推出了永红河及周边水系综合整治方案，包括治水、绿化、道路、桥梁、园林、配套设施、景观亮化等。边治理、边建设；边刮骨疗伤，边强身健体，在四个片区吹响综合整治的集结号。

狼山西北区，53.5公顷，分为三大板块，一是佛林五常文化区，结合佛教文化及五常文化，运用小沙弥为载体，展示仁、义、礼、智、信文化特色。二是梅林花海区，充分利用园博园现有条件，延续黄泥山"梅林春晓"风韵，打造精品赏梅园。三是望山观江区，打造山上观江景，江上揽五山的观景区。

狼山东南区，23公顷，位于狼山核心区东侧，主要以生态修复，补绿为主，废除原游乐场，建设"功德池"景点。

狼山西南区，22.7公顷，着重体现生态优先、绿色发展格局，保留现有苗圃园，优化提升；以圆通的通作为基底，设置迷宫，增加休息亭廊，并在东侧修建慈航院。

剑山东侧区，把基地从永红河隔开，河北为生态修复用地，面积

33.2 公顷，南侧为提升改造用地，面积 24.1 公顷，分为休闲活动区、剑山生态体验区、5A 配套服务区，新增绿化面积，体现季节变化和佛教寓意。

水利部门则在水系治理上，下足功夫。五山片区水系治理，关键在于打破封闭水系，融入城市水网，让水进得来，排得出，因此，重点在于统一调度，精准配水。为此，治水人对河道一条一条摸准，一条一条疏通，一条一条联通。通过沟通水系，优化调度，利用长江天然势能，内引外流，形成"西引东排、北引南排"的活水畅流格局。在长江水位高的时候，趁潮引水，长江由西往东，由南通大学闸、花园路南河闸、永红横河闸等，排入裤子港河，再由此排入长江。如此循环往复，使整个五山片区 30 多条河道实现了全面活水、持续活水，并一举消除了南剑界河、花园路南河、南郊中心河等 6 条黑臭河。同时升级改造沿江小洋港闸，增强了强排强引能力，为区域内的治水提供了丰富的水源。在城山河、曹公祠一河交界处建透水坝，人为抬高了坝北河道 20 厘米的水位，将水引入曹公祠二河，再回流到西山河，解决了周边水系的连通和活水问题。

为保证河道水体的顺畅，从 2019 年 7 月开始，市水利工程管理站组成 10 人工程调度巡查队，分成 5 个巡查组，潮汐起落时间是他们的作息时间表。"晚风悠悠吹，小河静静流，月亮走我也走，天上云追月，地下风吹柳……"他们起早贪黑，栉风沐雨，不间断地检查所属各条河道、闸门、涵洞、泵站，查看各水利工程是否按指令运行，成为水流水畅的"守护神"。

狼山侧畔迎朝阳，永红河边送晚霞。哪里有工程，哪里就能见到劳动者忙碌的身影。滴滴汗水洗清河道的污泥浊水，满腿泥巴染绿五山片区。永红河天天在变、五山片区天天在变。一天一个样，一年大变样。水变得越来越清，山变得越来越绿，河变得越来越年轻，以焕然一新的面貌，迎来了 2019 中国第五届森林旅游节在南通开办。

山因水而绿，木因水而林，灯因水而秀。2020 年国庆期间，大型光影水秀《追江赶海》点亮紫琅公园。光与水的碰撞，上古青墩从水雾中款款走来；声与画的交汇，大美南通在追赶中激荡，紫琅湖畔因大型光影水秀大放异彩。

伴随悠扬动听的音乐，水柱在五光十色中翩然起舞，"巨轮"的风帆之上，光影变幻，时光流转，时而让人重回上古，时而带你徜徉濠河。灯光水秀之中，蓝印花布、板鹞风筝等南通元素，轮番上演，让人目不暇接。以水为伴、以水为媒，做足水的文章，展示水的风采。

澄江如练，翠峰如簇，湖光山色，草木葳蕤，陶醉于山环水绕之中，身临其境那禅意绵绵的水文化生态。谁会想到，以水为媒的灯光秀，能做得如此美轮美奂。在这里，让人结结实实地感受到水的力量和魅力。

一个带着"前四届中国森林旅游节都办在省会城市、第五届为何办在地级市的南通"疑问的外地学者，在五山片区里里外外看了个遍，发出了"名副其实"的感叹，并有感而发：

"看五山红遍 / 睹丛林尽染 / 喜五色金黄 / 望白云蓝天 / 听流水潺潺 / 透清爽心田 / 感秋风气润 / 悟生活甘甜"，献给这个"来了不想走、走了还想来"的风水宝地。

一条游船从永红河徐徐而来，游人乘兴唱起"让我们荡起双桨，小船儿推开波浪，河面倒映着美丽的白塔，四周环绕着绿树红墙……悄悄听我们愉快歌唱"。

这歌声回荡在永红河畔，回荡在五山森林公园，回荡在水利人心中。

"让我们荡起双桨"的曲作者刘炽有个心愿，"希望百年后，仍然有人唱我的歌。"一百年太久，歌声就在眼前。一派水乡风韵，荡漾在永红河上，那么协调、那么优美。好山、好水、好人，在这里才能唱出"让我们荡起双桨"的韵味。

荡起的是一船的激情，

荡起的是一河的希望，

荡起的是一城人的梦想。

2020年11月12日，五山片区迎来幸福时光，迎来习近平总书记的点赞。过去所有辛劳顿时都化作甜蜜的回忆，此时总书记的嘱咐将化作继续前行的强大动力。

海港河畔喜迎"旭日东升"

时间： 2020 年

地点： 海港引河

提要： 海港引河北起通吕运河，南讫长江，为 20 世纪 80 年代人工开挖的一条二级河道。全长 10 公里，宽 36 米。海港引河是南通市主城区一条重要河道，担负主城区东南片防洪、排涝、引江调水等功能，对城市防洪排涝及改善河道水质具有重要影响。

昔日的海港引河又脏又臭，是远近闻名的"龙须沟"。该河流经狼山、文峰、观音山、钟秀 4 个街道。长期以来，沿河居民下网捕鱼、网簖、地笼等，不但影响河道的通航和泄洪能力，而且也污染了河道。

多年来，不断有市民向本地电视台栏目组举报，海港河桥两侧辅道上，有人乱倒渣土，污染了河岸、污染了绿地、污染了庄稼、污染了河道。老百姓深恶痛绝，但此类劣行屡禁不止。

2017 年的 8 月 30 日，不少市民反映，市行政中心西北边新城大桥下，恶臭熏天，水面漂浮了很多死鱼，成片的死鱼就像在河面上加了一层白色的盖子，一条连着一条。环保监测表明，祸根来自一处垃圾场。

时光犹如一把锋利的钢刀，把引河两岸划得伤痕累累。河道保洁员老赵使劲地清理河边垃圾，满头满脸都是汗，累得气喘吁吁。从新城大桥到南川桥，沿海港河走两公里，一般人只需 20 分钟，但保洁员需要 8 小时。老赵说，随着城市发展，沿河不少企业污水直排，生活污水、生活垃圾乱排乱倒，河道真的伤不起。

刻不容缓！海港引河已到了非全面整治不可的时候了。南通市相继出台了《南通市区河道管理办法》《海港引河综合整治方案》，市政府拨专款、派专人进行了两岸整治和重建。对沿河 615 户村民和企业主，先后进行 8 期培训，挨家挨户做企业和老百姓的工作，一个社区一个社区地跑，一个企业一个企业地上门宣传，一个小组一个小组地河道三包，开座谈会，上门做工作。先是自改，自改不到位的，进行帮改。

随着城市化进程的加快，围绕"保河道清洁、创美丽南通"开展了增绿、清水、畅通、便民四大行动，整合五山与沿江岸线生态资源，大力推进景区东延西拓，在拆除沿河违建、河中违规河网和河道清淤的基础上，进行了大规模的重建工作。

海港引河利用水资源优势，打造自然亲水的开敞式休闲滨河岸线，有公园，有游园，有步道，可观河，可观花，可观景。沿河百姓的生活更绿色、更环保、也更有情趣。

庚子治水，好戏连台，又一新景踏浪而来。

2020 年 12 月 21 日，海港引河南闸站正式开工。这一项目位于海港引河与长江的交接处，集防洪、排涝、引水、水资源调度、改善水环境之功能于一身。原先的小姚港闸最大引排流量仅为 29 立方米 / 秒，因排涝口门小、强排动力小，当暴雨期间遭遇长江高潮位时，两面夹攻，防洪除涝压力大。新建南闸站净宽 16 米，泵站双向引排，最大引排流量为 48 立方米 / 秒，区域防洪可达百年一遇、除涝 20 年一遇标准而建。

干旱了，急需水，因引力不足、不解渴；雨大了，水多了，因排劲不足、排不尽，加大引排能力应运而生，便有了海港引河南闸站。"弟弟"超过"哥哥"，新建的加上原有的，哥俩同心协力，引排能量翻倍。

海港引河开工典礼

海港引河清水通道

海港引河南闸站工程项目长孟辉介绍："这一闸站是主城区主要的节点性水利工程，通过发挥泵站效应，提升了排涝能力，也增强了防洪主动性。海港引河将和通吕运河一起成为长江引排水的大通道，对主城区的防洪除涝、活水调度、水环境治理，都将起到非常显著的作用。"

初升的太阳照耀在海港引河上，轻风拂面，神清气爽。晨练的人们像往常一样，又见到两条保洁船，但这是两条雅马哈保洁船。所到之处，河面垃圾就顺着过时的水流吸纳进船，留下"春溪嫩水清无渣，春州细草碧无瑕"之美。

如今，海港引河水涨船高，天变蓝，水变清，两岸绿树长成荫，丑小鸭成了小天鹅。海港引河地处新城区核心部位，一肩挑起两个"中心"：河南是行政中心，河北是政务中心。这里车水马龙，人流不息，一幅热闹繁忙、欣欣向荣的景象。

海港引河北岸的曹顶纪念公园，是市政府为民办实事的大手笔之一。园内小桥流水、亭台楼阁，绿树成荫，花团锦簇，成为市民亲近大自然的天然氧吧。

把江与港连在一起的河，把海与港连在一起的河，把江与海连在一起的河，把人和大自然连在一起的河，把崇川人与幸福美好连在一起的河。海港引河，多么美妙而恰如其分的名字。一条大河穿城过，万幢高楼平地起。因水而建，依水而兴，海港引河是新城崛起的见证。

海港河绿色景观带与通吕运河景观带遥相呼应，成为主城区"河畅水清、岸绿景美"的"第二生态圈"。2020 年 12 月 16 日，水利部陆桂华副部长一行来通，先后来到幸福河闸、通吕运河、海港引河滨水生态文化圈等处，就南通水资源保护工作展开专题调研。

陆桂华说，南通打造濠河之后的"第二生态圈"，不仅为老百姓营造更好宜居环境，也为长江流域生态文明建设作出了积极贡献。南通要围绕两大生态圈建设，努力打造生态之河、活力之河，增添更多靓丽风景。

第四章

水清岸美
系统治水的生动写照

北湖晨韵

在奋勇争先中蝶变

时间：2020 年 7 月 5 日

地点：新华社江苏分社

提要："短短 8 个月，濠河周边 44 条断头河全部接通大水系，45 平方公里内水系畅活，全部达到三类水标准""经过两年的努力，南通中心城区 16 条城市黑臭水体全面消除，水过之处皆风景，成为系统治水最真实、最生动的写照"。

这篇新华社报道南通治水成效的专稿《水清岸美产业兴》，被《新华每日电讯》《中国青年报》《新华日报》等同时刊登。中央主流媒体对南通总是那么关注，有了状况，及时提醒；有了成绩，马上鼓励。南通水环境治理实现"差等生"向"优等生"的蝶变，只是一转眼的事，看似平常实是艰辛，其中包含了多少感人故事。

2019 年 1 月 28 日，市政府工作报告中提出"实施中心城区水质提升工程，以水系为脉络、黑臭水体为重点，开展整体治理，力争濠河及周边主要河道达到三类水标准"。4 月，市政府召开中心城区水环境治理工作会议，市长徐惠民提出："把中心城区濠河及周边 45 平方公里范围打造成科学治水、高效治水、务实治水的标杆"。

一言既出，一诺千金，主城区水环境攻坚战就此打响。

6 月 4 日下午，骤升的气温影响不了治水人奔波的步伐。一个由水利局、市政园林局、崇川区建设局及虹桥街道工作人员组成的治水团队，赶往姚港河现场，检查排污口整治是否到位，清淤清杂是否干净彻底。潮汐起落决定着这群人的作息时间，他们放弃了节假日，始终追随着闸门、涵洞、泵站，关注着水质的变化。

城市河道建设管理中心站长丁盛是主导主城区水利工程智慧管控的先行者。"城区水利工程调度必须一盘棋，各管各闸、各管各水，水闸常常成为卡别家的卡子"。他力排众议，力破万难，推进城区所有闸站实现统一调度。整体联动，才能产生最佳效应。

群众反映梁浩港一下雨就淹，市水利工管站副站长邱旭东二话没说，"走，到现场看看去"，放下手中的饭碗，带着单瑾、曹慧蓉等一行人奔到现场。群众的困难就是命令。炎炎夏日的正午，烈日如火，烧得头顶发烫，大家汗流浃背，喉咙眼干得直冒烟。沿河阵阵恶臭让人感到担子的沉重。从头跑到尾，来不及抹去脸上的汗水，比对水系分析河道情况，了解权属问题，研究解决方案。身上的衣服湿了干、干了湿，渗出了盐花。不把河道治好，无脸面对江东父老。

用自己的辛苦指数，换来水利万民的幸福指数，这就是新时代的水利人。

"原来这条河是发臭的黑水，现在你看看，水清了、流动了，河里都有鱼了。"走在任港一河旁，社区居民王树均感慨万千。曾经的任港一河是条断头河，水质发黑、恶臭难闻，让住在河边的居民十分苦恼。水环境治理中，连通断头河是实现畅流活水的重要环节。任港一河在清淤的基础上，根据河周边的实际，首次采用拓扑导流墙技术，让这条断头河"动"了起来。

治水是一项系统性工程，绝不能"头痛医头、脚痛医脚"。选中濠河风景区以及中心城区45平方公里为先行区域，摒弃"就河治河"的传统思维，形成了"系统化思维、片区化治理、精准化调度"的治水新思路。针对中心城区水网密布、水位落差小、水流顺逆不定的情况，将先行片区划分为文峰、城山、学田等11个片区，实施"控源截污、

军山绿野

水系连通、内源治理、活水治理、生态修复、长效管理"等精准推进，实现整片河网有序流动，并最终总结出"控源截污、自然活水、自然做功、自然净化"的"一控三自然"经验做法。

作为全市水污染防治攻坚主战场，中心城区崇川区主动对接全市"自然截污"大规划，摸清全区断头河、箱涵、坝头坝埂底数，打通断头河，科学治水，打通堵点，提升动力。七大类、45项自然活水工程全面完成。濠河片区、新城片区、五山片区整体水系，全线贯通，主要河道连成一张覆盖全城的巨大水网，夯实了水体流动基础。

至2019年底，中心城区内132条河道全面完成整治，省考以上断面水质监测全面达标，濠河周边66平方公里水系均达三类水标准，成功打造63条生态样板河道。让一泓清水从"毛细血管"流到入江支流，流向长江。"城在水中坐、人在画中游"的美景，被世人所津津乐道。

清淤除污

在重拳治污中蝶变

时间：2019 年—2021 年

地点：南通

提要：习总书记指出，治水要良治，良治的内涵之一，就是要善用系统思维统筹水的全过程治理，分清主次、因果关系，找出症结所在。南通水系水情复杂，更需精准剖析，突破"一河一策"的惯性思维，找准治水之本，谋实治污之策，坚持水岸兼顾，内外源统筹，实施系统治理。

深入溯源排查，采取"一级技术排查、二级人工排查、三级疑难排查"，分片、分河、分段，查排口、查管网、查病因，找出混接排口

乡村新绿

349 个，问题管网 6 段，查出"六小行业"及周边居民乱排乱倒、雨污混排、管网渗漏、河道淤积、断头河等问题，明确了主攻方向。

污染在水里，根子在岸上。一直以来，市区小餐饮、洗车、沐浴、美容美发、洗涤、小化工等"六小行业"雨污管网混接、乱排乱放污染现象严重，给水体环境造成不同程度的破坏。为此，全市启动了"六小行业"控源截污专项整治，有效实现了源头治理，精准治污。

为打好"六小行业"专项整治这场硬仗，市专项整治领导小组每周召集相关部门现场会商，形成了"街道吹号、部门报道、一线推进、全程服务"的工作机制，现场工作人员通过耐心细致的说服教育，让业主明白，办理排水许可证，真正做到"雨污分流、污水纳管"，不但让自己和周边群众受益，也为城市水文明作出了贡献。一些当初有抵触情绪的业主，积极主动配合，工作人员主动上门办证，为他们安心经营做好服务。

至目前，市区共发现"六小行业"问题 3842 处，整改 3033 处。其中濠河 45 平方公里主次干道的 176 个点位，都已完成整治。其余点位的整治力度将继续加大，同步开展复核，进行"回头看"，防止反弹。

——全面控源截污。病因查明，猛药去疴。真正做到"高标准、高质量、高效率"。坚持问题导向，实施治河排口高标准截污，做到应截尽截、应堵尽堵。开展"六小行业"截污整治和沿河环境专项整治，消除生活污染直排口 349 个，完成了 3841 个问题排污点和 56 条河道的沿河整治。实施雨污管网养护，对 800 公里雨污管网做到"检测、冲洗、清淤、维修"四同步，新建雨污管网 30 公里，实现了"晴天污水零入河、雨天溢流污染控到位"。实施污水处理高效运行，改污水浓度"出厂单考"，为"进出厂双考"，以进厂浓度作为判断雨管网是否渗漏的重要参数，把管理聚焦到管网上，把效益体现在进出厂前

植物园俯瞰

后的污染物含量下降上，日污水处理量增加6000吨。

——实施自然净化。控源截污，减少了岸上污染入河，只解决了外源问题，必须同步解决河道内源污染，提升自净能力。消除内源污染，全面打造清洁河道，对45平方公里内的78条河道全面普查，彻底清淤、生态疏浚，清除淤泥21.3万方。全面提升自净能力，采取"生态水利工程＋湿地公园"模式，恢复河道植被，将36条"三面光"河堤恢复成自然护坡。对21平方公里的五山、新城片实施湿地化、海绵化、森林化改造，森林、绿地和水面达48.8%。生态河道、海绵城市、湿地三位一体，有效拦截、吸收、消纳水体污染物，大幅提高了水体自净能力。

通甲河浮岛

在自然做功中蝶变

时间：2019 年—2021 年

地点：南通

提要："问渠那得清如许，为有源头活水来"，长江赋予南通最具特色的自然资源，是南通内河水系的天然水泵。自然做功，就是要顺应自然、运用自然、借力自然。要想水随人意，先得人随水意。南通治水要顺应长江大走势，运用长江大水系，借力长江大水系，坚持保护优先，高效利用，让自然做功发挥治水效应。

——江河联动增势能。受黄海潮汐影响，长江下游每天有两次固定的涨落潮，最高潮位 4 米左右，而紧靠长江的南通城区水位一般在

2—3米。长江给南通城区的水体内引外流带来了天然势能。水因势而动，充分发挥通吕运河、海港引河等通江河道的作用，利用历史形成的水系分区和水位落差，构建"西引东排、北引南排"的活水畅流格局，把长江水引进内河，自然做功、高效利用。增加内河水量、动力，最大限度满足河道的生态流量和生态水位需求，最后畅然向东入海，向南归江，循环往复、周而复始，让江水保持原有水质，回归大自然。

——内河连通提效能。流水不腐。水系不通，则水体不活。江水活城，关键是要让内河动起来、流起来，才能将势能以更高效率传遍河道。为实现主城区河道自然贯通，恢复自然流动属性，2018年以来，中心城区先后拆除影响水体流动的坝头坝埂100多处，开挖河道1745米，建设箱涵1805米，44条断头河全部进行技术处理、接通了大水系。主要河道连成一张上通下连的巨大水网，达到河河连通的效果。

——闸站联调增动能。南通属于平原河网城市，河道之间水位差小，江水入内后，一马平川，势能很快衰减。因此，引入城的江水水位要相对固定在2.85米左右，既达到防汛要求，又形成较高势能。再通过44个闸站的精准管控，形成内河间的有序水位差，促进水体自然流动。对于地势较低的河道，增建小型泵站，补水提动能。对于较浅的河道，增建滚水石，形成梯度水流，分段运动能。目前主城区河道全部流动起来，从过去基本无流速，到平均流速0.14米/秒，实现了全城活水流的目标。

桥似落虹水如带，风拂柳丝摇灯影。

十里濠景穿城过，盏美酒兴诗怀。

月出濠水夜生静，浪花海映楼台。

轻舟漾波散碎银，游人如醉入梦境。

2019 年南通水质改善幅度列全国重点城市第 17 位，中心城区 66 平方公里主要河道水质由劣五类提高到三类，一江活水进城来，满城清水归江去。

当年，市水利局被市委市政府评为市区水环境整治创新一等奖。

《浙江日报》记者任明珠参加媒体采访团来通采访时，一路拍个不停，不愿错过一丝精彩。"南通的水系治理给我留下深刻印象，短短一年多，中心城区的几十条黑臭水体提升到三类水，南通系统治水的理念让人佩服，我将把这一经验传播出去。"

盈盈一水间，江河互济绿尽来。

"差等生"向"优等生"的跃动，是"碎片化"治水向"系统化思维"的跳跃，是"就河治河"向"片区化治理"的跳跃，是传统化治水向集成创新的跳跃。夜以继日风雨兼程，汗水和辛劳换来"水清岸美百业兴"。

"差等生"向"优等生"的跃动，擦亮了"水韵通城"的底色。

曹勇作词、雷远生作曲的《南通好家园》，是一首在南通广为传唱的歌曲。外地人阎维文唱过，本土郁钧剑唱过：

> 下通江海上通天，
>
> 我家就在濠河边。
>
> 小楼窗前听春雨，
>
> 大江东去好行船。
>
> 雄心何止向南通，
>
> 无限风光在眼前⋯

南通好家园，在歌声里，也在老百姓的心目中。

面对鲜花和掌声，水利人异常地清醒："优等生"只是起步，"优等生"还是学生。自己跟自己比，进步很大，但与人们对美好幸福的向往比，发展空间还很大。更何况这还只是主城区的做功，城外的大头子还在后头。用吴晓春的话来说：我们的治水就是要从解一元一次方程，到解多元多次方程，直到解矩阵系统。这只是"中考"，接着就是"大考"。

水利是流动的事业,有水就有工作,有河就有事业。世间有治不完的水、做不完的事。向水而生,向水而行,知难而进,治水人昂扬斗志、"打起背包又出发"。

绿水环抱

第五章

保护长江

争创上游的南通速度

整治黑臭水体

防污治染攻坚战

时间：2019 年—2021 年

地点：南通

提要：20 世纪八九十年代，南通主城区的长江岸线上筑起围墙，拉起铁丝，抢滩占线，老港区、旧厂区、破小区犬牙交错，隔断了人与大江的联系。虽说是"江海之城"，南通人总有"滨江不见江，近水不见水"的遗憾。化工围江、扬尘围山、噪音扰民，生态透支，把挺拔道劲的五山挤压得气喘吁吁。不仅如此，港口企业以及临江产业沿江密布，扬尘、污水、噪音等污染，使生态容量日益吃紧，长江岸线一度成为生态伤疤。长江饮用水源地存在极大安全隐患，被省"263"专项行动组挂牌督办。

压力就是动力，督办也是鞭策。南通在全省率先启动，扎实推进，响亮地提出："地处长江下游，护江勇争上游"，开启了"共抓大保护"的生动实践。

　　——在全省率先启动船舶、港口治污。2020年3月，根据国家交通运输部和省里的统一部署，南通瞄准问题，全面开展了沿江经济带船舶和港口污染突出问题专项整治。市政府成立了部门联席会议制，成立了工作班子，在全省范围内率先制订了南通沿江船舶和港口突出问题整治工作方案，明确以污染防治设施短板和运行管理突出问题为重点，并将整治任务列入当年污染防治攻坚战考核重点项目，加大考核推进力。全市八个部门整体联动，统筹海江河、船港城、建用管全流域深入开展为期一年的专项整治，以最高要求、最严执法、最实举措，全面助力沿江经济带绿色发展。

跨江大桥

——在全省率先实现沿江、沿海、内河干线污染防治全覆盖。在对沿江码头"回头看"的同时，全面推进内河码头自身环保设施建设。至 2020 年 6 月底，全市 66 个沿江沿海港口码头、433 个内河港口码头，全部完成水、气污染防治设施建设。辖区内所有从事煤炭、矿石等易起尘货种作业的码头、堆场，均建有防风抑尘设施或实施封闭储存。全市已有 71 家港口企业建成粉尘在线监测系统 197 套，在全省率先实现沿江沿海、内河干线航道全覆盖。

——在全省率先实现船舶污染物处置三码合一。2020 年 5 月，南通分别修订发布了沿江沿海及内河港口和船舶污染物接收转运处置建设方案，加快推进港口企业船舶污染物接收设施建设。根据方案，港口经营企业以自建船舶污染物接收设施为主，委托有资质的第三方接收为辅，二力合一，港口和船舶污染物处置得到明显改善。

在加强船舶污染物"船、港、城""收集—接收—转运—处置"全流程、多部门联合监管的同时，还不断推进港口企业电子联单监管的提档升级，实现了沿江、沿海、内河港口企业电子联单全覆盖，在全省率先实现船舶污染物"三码合一"，扫描一个二维码就能对污染物追根溯源，有效防住"漏网之鱼"。据相关工作人员介绍，船民投放船舶垃圾时，原先需要扫码进入长江干线船舶污染物监测平台、南通市电子联单、北斗生活污水排放监测系统三个平台进行登记。如今，交通、海事等部门相互打通数据壁垒，将三个系统的三个不同二维码并成一个统一的二维码，减少重复扫码，方便了船民，提高了效率。此外，全市流动接收船、水上服务区、船闸待闸区公共服务能力，也在同步推进，建设 400 吨以下货运船舶防污设施改造取得良好成绩。

——在全省率先启动水上洗舱站建设。2020 年 6 月，江海港区中化南通水上洗舱站首船洗舱正式启动，迎来了第一艘船舶洗舱作业。

该洗舱站高标准设计，投资近 2000 万元，年洗舱能力可达 6000 艘次。这是长江干线海进江的第一座洗舱站，可为长江上海段、江苏段的油品及液体化工品船舶提供洗舱服务。根据国家交通运输部印发的《长江干线和水洗舱站布局方案》，长江干线南通段共布设两处水上洗舱站，年洗能力 1200 艘次。既填补了长江干线南通段船舶洗舱服务的"空白"，也为长江大保护增添了新的生态屏障。

四个"全省率先"，见证了"地处长江下游、护江勇争上游"的勇气，见证了"勇争上游就得甩开膀子大干"的担当，收获了"共同大保护"才见水清岸美的成效。"争上游"就要有一流的标准、一流的干劲、一流的担当。

长江狼山段整治

腾笼换鸟啃骨头

时间：2019 年—2021 年

地点：南通

提要：为配合"共抓大保护"的最高统帅令，水利部长江水利委员会动作大，作风实，先后多次来南通，对南通沿江 318 个项目进行了深入细致的梳理、排查，经过反复权衡利弊得失，最后确定了 10 个限期拆除或搬迁、83 个限期整改项目，总计 93 个项目。由市水利部门牵头负责，会同相关单位，强化部门联动、强化跟踪督办、强化考核验收，通过 20 个月的攻坚克难，于 2020 年 6 月 30 日规定的时间前全部按时完成，销号率 100%。

销号，这个在"共抓大保护、不搞大开发"长江保卫战中才出现的特有词汇，其中包含了多少曲折和艰辛。一次销号，就是一次博弈；一次销号，就是一次战斗。93个堵点，个个都是"硬骨头"，没有"好牙口"，别想"啃"下来。

——姚港油库码头。一个"中"字号公司，主要用于长江油轮向库区运送石油，并配有一座近百米长的引桥及相关附属设施，为南通经济社会发展做过不可磨灭的贡献。随着对生态环境建设标准提高，这个库区也存在明显的缺陷，2018年底被国家长江办、水利部列入长江干流岸线整治名单。

偌大个库区不是说搬就搬，时间、人力、物流，这都是成本，企业损失难免，当然能不搬，就不动。

"共抓大保护"是国家、地方、企业共同的责任，作为"共和国长子"的大企业，理应起带头作用，要给地方做好样子。再说，共抓大保护利国利民，对企业的长远发展也是有利的。徐惠民书记为此在苏通园区召开了两次会议，统一思想。心与心的交流，诚与诚的沟通，对方终于为之所动。接着，徐惠民书记又在市委常委会上提出了要求，并把一线指挥的重担交给了市委常委、崇川区委书记刘浩。刘浩没有二话，调兵遣将，排兵布阵。水利局吴晓春理所当然地被当作一匹冲锋陷阵的战马。经过市委、市政府多次牵头协调、组织研究、督促推进，按照国家规定的时间要求，历时1个月完成拆迁任务。

——太平港务。一个东南亚有名的大公司投资兴建的集装箱公司，也被国家列入10个必拆单位之一。这个年产值超40个亿的企业，是当地的利税大户。这么个"大哥大"要搬迁，既要时间成本，又要花去人力、财力、精力成本，再说离江边远了，还会增加运营成本，一支香两头烧，怎么说，也解不开这个"疙瘩"。这个公司不但在本埠、而且在投资地都有"通天"的关系。接到限期搬迁的通知后，并没有当回事，就凭自己的实力、凭自身的关系、凭对当地的贡献，恐怕没有人能"搬"得动。

理直才能气壮。"要保持加强生态环境保护建设的定力，不动摇、不松劲、不开口子。""共抓大保护、不搞大开发"，是最高统帅部的决策，"水法"是国家意志的体现。带着使命和责任，联合工作组多次上门工作。工作再难也要做，骨头再硬也得啃。找谁谁也不松口，长江大保护没有例外、岸线整治不能网开一面。

取名"太平港务"是为了图吉利。有环保才有太平，有"太平"才有港务，有港务才有效益。要对得起"太平港务"这个名字，一污三亏，江水亏、江岸亏，上面查下来，企业挨整、挨罚，何来"太平"可言？

魅力长江

人同此心，心同此理。太平港务话太平，让人茅塞顿开。在公理面前，在公益面前，业主作出了主动配合的承诺。与此同时，当地也主动协助企业搬迁。为了保护公司利益和公司的长远发展，当地不但主动承担了搬迁的一半费用，还选出几块地让公司挑选新址。公司则以最快的速度完成了搬迁的同时，也走进了"销号"的行列。

——韩通重工。地处江边，纳税大户，年纳税额占当地税收的四分之一。为了策应"共抓大保护"战略，当地以壮士断腕的决心，完成了整体搬迁任务。

山头一个一个拿，堵点一个一个攻。拿下10个"必去"点，治水人又雄赳赳、气昂昂，向83个"整改"点出发。由点到面，生态环境整改在江海大地延伸。

推进中央和省环保普查、长江经济带审计、长江经济带警示片等8大类共1367个突出问题整改。

问／渠／那／得／清／如／许

滨江新城

水清岸美面貌新

时间：2019 年 9 月 3 日至 4 日

地点：南通，长江大保护现场推进会

提要：参会人员实地察看了中石化姚港库区码头占用岸线整改情况和五山及沿江地区生态修复情况。一件件，一桩桩，目睹眼前发生的变化，国家长江办领导、省委省政府主要领导以及与会代表惊叹不已，都对南通的大保护，给予出于内心的高度评价。南通长江大保护工作的相关经验，国家长江办以《长江经济带发展工作专报》的形式，呈报韩正、刘鹤副总理等领导同志，并向沿江 11 省市推广。

——水环境质量全面改善。按照"查、测、溯、治"要求，全面开展长江入河排污口整治，地表水环境质量大幅提升，水质状况由全国排名靠后，跃居水质改善幅度全国重点城市第17位，建成全国生态文明城市。上半年，省考断面优Ⅲ类水质比例96.8%，集中式饮用水源地水质达标率100%。

——土壤环境安全有效保障。建立污染地块名录和开发利用负面清单，有序开展污染场地的调查评估和修复治理工作。开展打击"洋垃圾"进口专项行动，实现全市固废零进口。《南通市固体废物处置能力建设专项规划（2019-2030）》的编制、施行，强化了危废处置基础设施建设，危废处置能力从2015年末的人1.83万吨/年，提升到23.71万吨/年。

——各类专项整治全面推进。整治重点领域、突出问题，清理沿江入江河口小杂船2600余条，对全市2923个疑似排口逐一现场排查，彻底整治取缔沿江53座非法码头，170艘长江渔船2019年底前全部退出、294个退捕渔民全部安置到位。

——污染治理工程加快推进。全市污水处理设施处理能力达154.88万吨/日，累计建成污水处理配套管网3365公里。率先在全省制定实施垃圾分类及生活垃圾、建筑垃圾、餐厨废弃物分类处理专项计划，建成8座县区级可回收物分拣中心、4座绿化垃圾处理终端、9座乡镇有机易腐垃圾处理终端，垃圾分类管理及收运处置体系不断完善。

——化工污染治理深入推进。在全省率先印发、实施化工产业安全环保整治提升实施方案，对全市1400多家化工企业开展全面"体检"，梳理确认安全、环保、产业等方面的存在问题和事故隐患6229项，形成企业"诊断书"和整治提升方案，"一企一策"、对症下药，直到药到病除。下大决心解决"重化围江"问题，2016年以来，累计关停化工企业 366 家、升级 396 家、转移重组 24 家。2019 年全市关闭退出化工企业 99 家，其中，沿江 1 公里范围内 21 家。2020 年上半年关闭、退出 33 家，其中 1 公里范围内 5 家。取消 3 个化工园区定位，缩减化工园区面积 7.66 平方公里。优胜劣汰，给好产业腾地。这一做法获江苏省省长吴政隆的批示、推广。

——船舶污染治理持续推进。实行船舶污染物全流程、多部门联合监管，统一推广应用船舶污染物电子联单监管平台，实现全市港口企业电子联单全覆盖。在全省率先建成运营中化南通和阳鸿石化两座长江水上洗舱站。加快推进港口岸电设施建设和使用，2019 年新建岸电设施 7 套，2020 年又建成 4 套。洗舱站、岸电设施，让江上水保护走得更远。

根据国家和省统一部署，整治、拆除吊机 73 座，混凝土基座 78 处、引桥 6 座、管线 21 根、罐体 25 个；迁离浮吊 17 处、趸船 6 艘；清理沙石量 38.5 万吨。全市开发区非法码头、岸线整治，在省内率先完成。实现了以资源使用量的"减法"，换来了效能的"加法""乘法"，为深入推进沿江港口一体化改革，创造了良好的基础。

11 月 24 日晚，中央电视台《新闻联播》聚焦南通，专题报道了坚持生态优先、加强长江生态修复保护、还江于民、确保一江清水入海流的典型做法。《人民日报》《新华每日电讯》《光明日报》也相继以《绿色铺就小康底色》《面向长江、鸟语花香》《让锈带成为彩带》等进行了专题报道。

第六章

绿色发展

嬉江揽山的生态修复

能达生态长廊

谱好生态主旋律

时间：2019 年 9 月初

地点：市长江路高架南段

提要：途经这里，市民发现，高架向南至长江沿线，挖掘机、推土机来往穿梭，工地一片繁忙的景象。低矮的围墙被推倒，杂乱的违章建筑被铲除，一块块平整好的土地上，工人们正在忙着植树、种草皮，平整种绿正在有序进行。两年来，五山及沿江生态修复保护工程带来的变化，大家历历在目。5.5 公里的生产岸线调整为生态、生活岸线，新增森林面积 6 平方公里，面向长江、鸟语花香的"城市客厅"，渐行渐近。

生态修复，首先是观念的修复。"绿水青山就是金山银山，要牢固树立和践行这一理念，笃定绿色发展的江海之路，用扎扎实实的绿色政绩造福于民"。市委常委会召开专题会，统一思想，统一认识，作出加快产业、城市、交通三大转型升级，开展国家生态园林城市、国家森林城市和花园城市"三城同创"，推动沿江地区由开发向生态保护转型的决策部署。

谋定而后动，一项项顶层设计渐次推开。好的方案是良治的前提。沿江生态带"一图"《南通沿江生态带发展规划（2017—2030）》，勾画出"两廊四区"的沿江空间格局，统筹生产、生活、生态空间，长江南通段生态岸线比例较 2015 年提高 33 个百分点。

严格规划红线管控，制定实施了《南通生态红线区域绿化保护规划》，加强沿江生态、城镇边界控制，生态红线区域占比提高到 23% 以上。

推动"生态之门"建设，与上海共同推进沿江绿色长廊、清水长廊建设，构建跨区域生态共保共治共赢格局。

政协委员视察

对症下药去沉疴

时间：2019 年 7 月 23 日

地点：长江沿岸南通段

提要：烈日下，南通市 20 名各级人大代表视察长江大保护情况。他们乘船水上看，沿岸陆地查，对比整治前后的变化。两年前，南通开发区营船港区域非法码头林立，环境破败凌乱。如今 12 家码头全部拆除，江边种上了郁郁葱葱的树木。

"我是喝长江水长大的，看到江岸线被小化工、小码头一点点蚕食，无比痛心。今天看到整治结果，沿江环境越来越美，真是高兴。"市人大代表秦忠说。

违法违规"小化工"百日整治行动开展以来，全市加强条块协同配合，推行"大数据＋网格化＋铁脚板"工作模式，开展拉网式、地毯式排查。排查工作举一反三，从"小化工"拓展到"小冶炼""小电镀""小喷涂""小印染"等"小字头"的违法违规小企业、小作坊、小商户，从常规区域向更隐蔽的区域延伸，对查获的违法违规行为，深究到底。在产业链条上不断延伸，确保排查全覆盖、无死角。至2020年底，全市共发现各类违法违规小化工130家、"小字头"22家。按照"四个彻底"要求，实施全面整治。目前，已全部整治到位，并完善了防"回潮"的长效措施。

长江是我国横贯东西的黄金水道，是"两横一纵两网十八线"水上主要大动脉，也是沿江地区重要的水源地。近年来，长江干线危险化学品运输量年均以10%的幅度快速增长，给危险化学品生产、仓储、装卸、运输、污染物处置等各环节的安全管理，带来严重挑战。一旦发生危险化学品安全事故，将直接威胁沿江居民饮水安全，破坏生态环境和影响沿江经济发展。

据统计，单壳船舶的失事率是同类双壳的5倍。南通水域有80多条这样的船。强力推进单壳化学品船舶和油船禁航及淘汰拆解工作，刻不容缓。市交通运输部门根据《江苏省内河单壳化学品船和单壳油船禁航工作实施方案》，进行为期一年专项整治，确保水上交通运输环境安全绿色。

三年来，全市上下以钉钉子精神，年年抓住沿江环境重点问题，一着不让抓落实，整治不放，切实抓好各类生态环境问题整改。

2019年4月，马鞍山半山腰的"梅林春晓"饭店关门停业。这里曾是赏江景、品江鲜的最好去处，生意兴隆、财源滚滚。但紧贴长江饮用水水源地，餐饮垃圾及污水，成为饮水源安全的隐患。业主说，对政府的停业要求充分理解，对长江保护全力支持。

每天早晨，南通开发区老洪港河道保洁员陆志兴换上工装，乘上保洁船，开始了一天的工作。一年多前，他还是一名在长江上"讨生活"的渔民。他曾经耳闻目睹沿江河口挤满小杂船，生活垃圾、污水、废油直排入江，给生态环境造成不利影响。在整治行动中，各地共清理小杂船 2600 余条，不少渔民"洗脚上岸"。在政府的帮助下，又重新就业。老陆就是从"靠江吃江"走上护江护水路的代表。

下猛药去沉疴，还得补短板，加快环保设施建设步伐。市里组建了水务公司，对污水处理设施统一规划、统一建设、统一管理。至 2018 年底，全市污水处理能力达 154.8 万吨／日，城镇污水处理覆盖率达 100%。新增废弃集中处理项目 9 个，新增处理能力 34 万吨／年，基本实现产废、处废平衡。建成生活垃圾处理厂、应急填埋场、建筑

沿江新景

垃圾资源化处理厂，有力提升了城乡垃圾处理能力。不少垃圾变废为宝，成为再生资源，二次利用。

铁腕治污，统筹开展了入江河流、排污口、沿江化工园区等24项专项治理。

无边江景一时新，水清天蓝空气好，全市 $PM_{2.5}$ 浓度全省最低，空气优良天数全省最高，绿色发展指数全省第一。

五山风景

扮靓城市会客厅

时间：2019 年—2021 年

地点：五山及沿江地区

提要：五山及沿江地区具有深厚的文化底蕴，不但是全国佛教八小名山之首的狼山所在地，也是闻名全国的 AAAA 级风景名胜地；这几年长江岸线累积的问题较多，矛盾相对突出，具有典型性；三是这里是全城的"绿核"所在，把这儿做活了，能起到牵一发而动全身的作用。

还江于民、还岸于民、还景于民，"既要建好黄金水道，也要打造绿色长廊"，主政者发出时代最强音。

五山地区新貌

　　两年多的艰苦奋斗，壮士断臂式的综合整治，大刀阔斧，五山及沿江地区关停"散乱污"企业，腾出并修复沿江岸线5.5公里，新增森林面积6平方公里，森林覆盖率达80%以上，7公里沿江岸线全面完成生态修复，全线贯通、一气呵成，并对外开放。实现了"山畔嬉江水，江上揽五山"的生态修复效果。

　　初秋时节，搬迁中的狼山港区不再喧嚣，往日堆成小山似的硫黄、矿砂不见了踪影。而在通海港区，一年前搬迁至此的集箱分公司，当年1—7月完成集装箱吞吐量近60万箱，同比增长62%，接近转移前老港区全年作业量。南通港还放弃接卸硫黄、煤炭等污染严重的货种，推动在散货作业区开拓粮食等清洁货种市场，推动矿石向沿海转移。

　　港区整体搬迁了，腾出宝贵的岸线，让最宝贵的岸线做最有价值的事业，让黄金岸线出黄金，让绿水青山出黄金。困扰多年的港城矛盾得到了化解，港口事业的发展空间变大了，经济发展含绿量高了，城市品位提升了，老百姓的生活质量提高了。

如今，五山以及绵延在其间的林地，就如镶嵌在江海大地上的硕大翡翠，一泓江水绕城而过，让"翡翠"显得越发尊贵。在这里赏春天的百花盛开、夏天的绿荫覆盖、秋天的五彩缤纷、冬天的江山壮丽，越来越多的市民为这个"城市客厅"感到自豪，越来越多的游客被这儿所吸引。国家统计局南通城调队调查显示，公众对森林城市建设的支持率为 93.3%，满意度达 93.8%。

每到周末，家住在新城区的袁蕾蕾，都要带着孩子到五山地区转转，在五山国家森林公园里骑单车、做游戏，呼吸着清新芬芳的空气，在江边的林荫道漫步，听涛声拍岸。"这里是南通城的绿心，是个天然大氧吧，呼吸新鲜空气，看看奔流不息的长江，让人心旷神怡"。

城里一片苍翠，城外绿意盎然。南通发出的《长江沿岸（南通段）造林绿化设计导则》，掀起了沿江大规模高品质植绿、抢救性复绿的高潮。仅 2019 年上半年，沿江沿岸植树造林 6600 多亩。层次分明、色彩丰富、功能完备、效益多元的生态廊道，为长江母亲河带来了勃勃生机。一个"城市拥抱森林、森林环绕城市"的格局已基本成形。

人心齐，泰山移。"共抓大保护"初战告捷，这是上下齐心协力、共同奋斗的结果，是主政者笃定绿色发展之路、矢志不渝的结果，是建设者们迎难而上、甩开膀子大干的结果。

"共抓大保护"，凝心聚力，凝聚起一城人追江赶海、攀高比强的磅礴动力。

"共抓大保护、不搞大开发"，不是不要发展，而是不要破坏性发展，不搞环境透支性发展，要走生态优先、绿色发展之路。牢牢把握生态环境保护和经济发展的关系，不断推进产业的转型升级、努力提高产业的含金量、含绿量，已成为一代人的共识。

不破不立，破中有立。为破解"化工围江"的困境，全市累计关停化工企业超 200 家，从此，沿江地区一律不再审批、新建化工项目，彻底改变"东西南北中、处处有化工"的产业布局。在《南通市化工产业安全生产企业环境整治提升实施计划方案》中，明确提出严禁在长江一公里范围内新建、扩建化工园和化工项目；2020 年底前，长江一公里范围内的化工园外的化工生产企业原则上全部退出或搬迁，化工园内的企业进行逐企评估，分批处置，所在园区无产业链关联、安全环境隐患大的，依法关闭或退出。

一道"斩首令"，坚决对化工污染说"不"。

大江流日夜，慷慨歌未央。一串串绿色音符在江海大地律动，南通正在奏响长江经济带绿色发展的最美乐章。

长青沙

打造江海景观带

时间： 2021 年 4 月 16 日

地点： 海门

提要： 南通市委、市政府在海门举行全市沿江沿海生态景观带特色示范段项目集中开工活动，南通沿江沿海风光带建设由此拉开帷幕。

打造沿江沿海生态景观带建设，是市委、市政府全面落实习近平总书记重要讲话指示精神和省委省政府部署要求，深入推进长江大保护、加快建设美丽江苏南通样板而作出的重大决策。特色示范段项目集中开工，旨在全面启动沿江沿海生态景观带示范段建设，动员全市上下全面推进沿江沿海生态景观带建设，为全面完成全年目标任务奠定坚实基础。

南通沿江风光带和沿海风光带的交汇节点是在圆陀角，730平方公里范围内的125个行政村，结合美丽乡村建设，将作为沿江沿海风光带的腹地支撑。未来三到五年时间，南通沿江沿海空间面貌将焕然一新。

南通沿江沿海共有730平方公里的空间可供谋划布局，其中沿江约500平方公里（含洲岛）、江堤长度216公里；沿海约230平方公里、海堤长度212公里。聚焦南通市委市政府提出的"江风海韵、现代都市"目标，沿海地区秉持"经略海洋"要求，重点加强自然岸线、滩涂湿地等生态资源保护修复，研究陆海统筹、江海联动、港产城一体化发展集聚高效的空间布局结构。优化确定沿江沿海风景路线型，初步绘制堤顶路走向示意图，同时科学布局垂江垂海道路，连接景、产、镇、村，梳理并串联特色景观和重要旅游节点。优化提升沿江沿海区域特色景观风貌，绘制沿江沿海地区10个示范段建设项目空间分布图，推进沿江沿海区域加快实施生态修复保护工程，扩大生态环境容量，提升生态功能，打造集生态、绿色、活力于一体的城市客厅。优化规划美丽乡建设村，指导沿江沿海地区125个行政村，因地制宜编制能用管用好用的实用性村庄规划。到2021年，规划设计完成沿江沿海观光路贯通线形（含临时替代线形及最终线形），其中按照市统一标准提标建设的堤顶路完成率超过20%；建成特色示范段10个，建成省级美丽宜居小城镇样板5家，培育乡村振兴示范村3家、先进村4家，沿江岸线腾退企业数量超过40家、腾退面积超过3000亩。到2025年，初步实现"1235"发展目标，即一条风光秀丽、功能完善的沿江沿海最美堤顶公路全面建成；两块建设区域（沿江沿海）综合竞争力显著增强，对全市经济总量贡献率超过20%；三生比例（长江岸线生产、生活、生态）持续优化，生产岸线占比较"十三五"末下降 20%；五个彩带（大江大海风光带、江海风貌城镇带、诗意田园乡村带、沿江科技创新带和沿海高水平产业带）初步形成，旅游总收入超过 200 亿元，城镇常住人口增加 10% 以上，培育乡村振兴示范村、先进村超 40 个，沿江腾退企业超 120 家、腾退土地面积近 1 万亩，沿江科创带高新技术企业占全市比重 25%，沿海区域规模以上工业总产值对全市经济的贡献率达 30%。

上述目标力争 3 年完成。到 2035 年，长江岸线三生比例显著优化，生产岸线占比较"十三五"末下降 30%，滨水公共空间向腹地进一步拓展，形成具有一定空间规模、配套设施完善的公共活动区域，带动沿江沿海区域整体面貌焕新和功能重塑，建成绿树成荫、江海浩荡、鱼鸥翔集的最美生态带和设施完备、运动便捷、游憩惬意、文化气息浓郁、令人流连忘返的最美景观带，成为建设美丽江苏南通样板最生动、最靓丽的标志和长江经济带绿色发展的典范。

第七章

凝心聚力
同奏治水的辉煌乐章

竞帆紫琅湖

崇川，典型示范　标杆效应

时间：2019 年—2021 年

地点：中心城区

提要：从 2018 年始，中心城区按照"系统化思维、片区化治理、精准化调度、长效化管护"的思路，从 3.5 平方公里的中心，扩大到 45 平方公里的范围，拓展到 66 平方公里的区域，然后 100 平方公里，通过控源截污、自然活水、自然做功、自然净化的治水实践，取得了实实在在的成效。

治水永远在路上，2021 年，围绕"100 平方公里范围内主要河道全面消除劣五类，打造高质量治水的典范城区"的治水新目标，中心

城市黑臭水体整治

城区水环境治理再出发：

重点区域再突出。将水环境治理重点区域延伸至面积为 34 平方公里的观音山片区。根据该区域水系现状，通过"控源截污、河道清淤、水系连通、活水调度、生态修复"五大举措，排出工程清单。其中，市本级投资 4600 万元，对青龙横河闸、兴石河闸及周边 6 条河道进行改造、整治。区级配套 1.43 亿元完成青北竖河等 15 个河道整治项目。同时提前谋划、大力推进崇川区（原港闸区）北部水系连通和水利工程调度方案的编制，加快水环境治理步伐。

强排能力再提升。根据水系规划，到 2030 年，主城区强排能力应达到 165 万立方米／秒。今明两年，中心城区大力推进海港南闸站、姚港河闸站、顺堤河闸站等强排泵站建设，确保到 2023 年底，主城区强排能力提升至 120 万立方米／秒。下阶段将继续推进通启运河泵站、东港闸站、团结河闸站、新开闸站、南通农场泵站等强排泵站建设，全面提升主城区防洪除涝和畅流活水能力。

智慧管控再完善。在智控中心已完成一、二期工程的基础上，2021年再投资1500万元，按照"需求牵引、应用至上、数字赋能、提升能力"的要求，以数字化、网络化、智能化为主线，以数字化场景、智慧化模拟、精准化决策为路径，全面推进算据、算法、算力建设，加快构建具有预报、预警、预演、预案功能的智慧水利体系。为水利工程实时监控、优化调度和水资源优化配置等提供超前、快速、精准的决策支持。

生态修复再强化。科学编制城市河道规划设计导则，深化高质量治水典范城区滨水空间提升及典型河道公园概念设计，加快铺港河、运料河等河道公园化改造，着力提高水环境生态亲和力，丰富岸线景观，形成连续可达的滨水慢行通道，营造户外健康生活魅力空间。高质量实施濠河景区整治提升等河道生态化改造项目，以花园式的滨水绿地连接各个地块，形成特色滨水开敞空间，构建城市中的动物栖息地、植被生态以及水岸交融、蓝绿交织的生态廊道。

中心城区水环境治理的实践，为全市提供了可资借鉴的经验。在市委市政府的推介下，启东、通州闻风而动，先行先试，海门、如皋、如东、海安紧随其后，竞相跟进。江海大地掀起你追我赶的热潮。

新时代治水如何贯彻新发展理念，构建新发展格局，鉴于历史的经验和教训，南通市一直在认真地思索，积极地探索。区域治水如同下棋，棋手的高明之处就在于让全盘棋都活起来，棋艺的高超之处在于让每着棋子都动起来。棋盘一活就生动了，棋子一动就活泛了。

于是，深入一线，调查研究；请教专家，指点迷津；归纳汇总，反复论证；集思广益，群策群力，在思辨的交流中不断碰撞出智慧的火花。民主的议事氛围，专家的真知灼见，使"系统化"三个人字走进了人们的眼帘。在系统化思维作用下的区域治水思路就这样逐渐清晰，逐渐光亮。

于是，从整体到局部，先综合，后分析，最后复归到更高层次上的新的综合，高屋建瓴，统揽全局，因地制宜，因水制宜，把每一条河、每一道沟都串起来，让每一条河、每一道沟都活起来，让每一条河、每一道沟都清起来。所谓以点示线，以线带面，形成河道的片区化、网格化。在系统化思维作用下的区域治水思路方案就这样逐渐深化、逐步完善。

"原先我们确定的是'系统化思维、片区化治理、精准化调度'15个字，但总感觉没有到位，好像总缺少些什么。缺少什么呢？那天我拨通了专家赵瑞龙的手机，把想法和他一提，赵瑞龙似有同感，于是又聊了一会儿其他话题，突然间，两人同时想到了治水后的有效管护是关键，否则前功尽弃，真是不谋而合！于是便有了最后一句'长效化管护'。"谈及治水思路产生的这一过程，市水利局局长吴晓春感慨万千地说道！

水系大连通

启东，区域治水　先行先试

时间： 2020 年

地点： 启东

提要： 启东治水，一马当先。关键在于启东对民生大计、水利命脉的高度重视，对百姓关注、社会焦点的积极回应，对区域治水、先行先试的战略运筹，对河网水系、畅流活水的全面部署。力拔头筹，闻风而动，一场区域治水攻坚战在启东拉开序幕，各项试点在高点定位中稳步推进。

一、先行先试，初战告捷

启东，东倚黄海，南枕长江，三面环水，河网密布，境内大小河道有 5.8 万条之多。然而，因受海潮侵蚀，启东常空守一江清水而无水可用，年人均水资源占有量不足 600 立方，属典型的资源和水质"双缺型"城市。加之启东为平原水系，水流微澜不掀，河道旱涝难控，形成了"引不进、排不出、流不动、储不足"的水系瓶颈，经济发展、民生福祉，因水不畅，倍受制约。

2020 年 3 月 16 日，南通市委书记徐惠民在污染防治攻坚点评会上，作出了"区域治水启东先行"的明确指示。随后，启东市重点对城市建成区、吕四港镇、圆陀角等三个片区 180 平方公里及周边水域进行了全面梳理，确定了"1+3 区域治水总体规划"。

4 月 16 日，在全市区域治水动员会上，中共启东市委、市政府明确提出"一江碧波潋滟、百里海岸迷人、千河清水畅流、万亩滩涂如画"的水韵启东建设目标，在 3 年的时间里，开辟城市、农村两大主战场，同步推进区域治水。

龙吟行壮志，凤舞挥宏图。一声号令，工地沸腾了。

据专家介绍，启东城市建成区东片总面积 37 平方公里，是 2020 年区域治水的开局之战。启东市水务局全盘统筹，在实践中逐步探索出"系统化思维、片区化治理、项目化推进、精准化调度、常态化管护"的"五化"治水模式，全力实施"控源截污、自然活水、自然净化、自然修复"的"一控三自然"治水工程。

重拳治污。建成区东片 44 条河道，属于黑臭类的占了近一半。政府投资 27 亿元实施"水环境综合整治"PPP 项目，规范"六小行业"排放、封堵直排口 282 个、整治沿河环境问题点位 859 个、新建雨污管道 15 公里、高质量养护雨污管网 49 公里，以全方位的城市河道综合整治、城乡污水处理提标、排口高标准截污等工程，初步实现"污水零入河，溢流全控制"。

连通水系。针对建成区东片破坏性束水、严重淤塞等 35 条问题河道，区域治水指挥部组织彻底清淤疏浚河道 25.6 公里、拓宽水道 4010 米、拆除坝埂暗涵 36 处，初步形成"所有河道连通水系，一张水网覆盖全城"。

调度活水。按照头兴港、丁仓港、中央河、惠港河"四河补水"，庙港河"一河入江"思路，经多次调试，提高了 32 个泵闸管控能级、区域水位提升至 3.2 米，既达到防汛要求，又汇聚较高势能，促进水体自然流动，初步达到全面、持续、按需、两利、连片、高效 6 个"活水"效果。

生态修复。围绕"水在城中，城在水中，城水相依"的构想，建成区着力构建宜居水环境。以昔日堆场林立的头兴港码头蝶变成滨河公园为代表作，河道公园建设方兴未艾。丁仓港健康公园、中央河名人公园以及蝶河、紫薇、灵秀等 5 个河道公园千姿百态，各具特色。民乐河、黄浦江路河、世纪大道河等许多城区河道，都以碧水清流、层林尽染之美，成为城市新亮点，休闲好去处。

科学管水。乘着区域治水的紧锣密鼓，启东及时完善城区河长制，压实河长责任。配备水日常管理、水工程运维、水环境保洁三支队伍，坐实管理责任。修订出台《启东市城市河道管理办法》《涉水事务协商会商制度》《城市水事违法案件处置规定》等配套措施，以不断巩固治水成效。

"我们只用了 8 个月左右的时间，投资 800 万元，城区建成区东片 37 平方公里内 44 条河流就实现了畅流活水。"启东市水务局局长宋亚昌说，他们计划利用三年时间，同步推进城乡区域治水工作，第一年建成区畅流活水，第二年昌四城区、圆陀角区域全域活水，第三年县乡河道功能全面恢复，实现流域治水、全域活水的转变。

启东区域治水初战告捷，提振了工作干劲，取得了水利显效，并助力于当地经济社会高质量发展。2020年，启东先后斩获全省农村河道长效管护第一名、全省水利设施建设一等奖，获评"全国文明城市"称号。

二、拓展新路，再接再厉

近两年，启东大力"消黑除劣"，整治完成城乡黑臭水体近300条；17个市控以上断面水质全部达优Ⅲ类，头兴港备用水源地、聚南大桥国控断面达Ⅱ类；全市建成生态河道332条，生态示范村27个；蝶湖等一批水文化公园相继面世。

科学指导。南通市政府通过通吕运河枢纽，为启东区域治水提供优质水资源保障，打破了启东水源贫乏瓶颈；南通水利局协调开启长期封闭的通启河闸，为化解边界河、上下游矛盾提供治水样板；南通专家组促成南通方案与启东方案有机融合，指导建成区与圆陀角、吕四片区方案有机衔接，为城乡一体化治水找到新路子。

协作互助。庙港河整治是区域治水"牛鼻子"工程，住建、水务两兄弟"同疏一条河，共拆一条坝"，部门合作成佳话；国瑞南河是新城区断头河，区镇互助解决历史问题，水系贯通如期完成；政府通过PPP模式，主动提升紫薇公园河整治标准，政企协作同向推进。

PPP模式（Public-Private-Partnership），是指政府与私人组织之间，为了提供某种公共物品和服务，以特许权协议为基础，彼此之间形成一种伙伴式的合作关系，并通过签署合同来明确双方的权利和义务，以确保合作的顺利完成，最终使合作各方达到比预期单独行动更为有利的结果。

创新实践。聚南大桥国控断面位于通启闸下游,水质指标常不稳定。启东尝试新三和港以西 80 平方公里整体治理方案,采用钢木排架束水控导法,有效解决了二级河束水难问题。这一创新性举措使水平均流速达 0.11 米／秒,区域水质达 Ⅱ 类标准。

群策群力。建立由指挥部牵头、多方协作的推进体系。每周例会、交办督办、定期通报。财政部门积极筹措提供资金保障。更有全市千千万万新时代治水人,赓续先辈张謇的治水精神,为了家乡的水系贯通,活水畅流,"出门一身汗,回来两脚泥",踏遍沟沟坎坎,奋战酷暑严寒,以区域治水攻坚克难的生动实践,以不获全胜决不收兵的坚强决心,彰显启东经济社会高质量发展的水利担当。

三、构筑岸线绿色屏障

2020 年 10 月 20 日,中国江苏网、新华报业全媒体记者尹丹丹采访了启东,并作了详细报道——

10 月 21 日南通讯 启东地处江之尾、海之头,长江、黄海、东海在此三水交汇,长江岸线资源丰富,其中北岸 47.3 公里,南岸 22 公里。启东市依托长江大保护战略,以长江启东段岸线生态修复工程为抓手,大力推进江堤绿化建设,为 69.3 公里长江岸线筑起一道绿色屏障,跑好长江大保护的"最后一公里"。

守护一江碧水,建设美丽江岸。

太平港务是新加坡胜狮集团在启东投资建设的全外资项目,也是启东市本次五个拆除项目之一。由于历史原因,公司占用了部分岸线作为货柜集装箱堆场。根据国家长江办 83 号文要求,太平港务其码头后方 186 亩海关监管堆场、码头西侧 60 亩填高滩地,属于"须拆除影响防洪安全的违规建(构)筑物"。

　　为推进拆除工作，启东市政府与水利部门成立工作组，主要领导率队专程赴香港，主动对接新加坡胜狮集团董事局，宣传"长江大保护"的方针政策，并就整治问题进行洽谈，形成基本整治方案。

　　按照上级整治要求，2018年12月底先行完成西侧60亩滩地填高区域的拆除，2019年6月20日完成东侧186亩滩地填高拆除工作，并对整改后的区域也开启复绿作业，比预定的整改时限提前10天。

　　"通过削滩整改，恢复到长江原来的的行洪断面，如今整改区域江水每天潮涨潮落、自然顺畅。"启东市水务局总工程师陆海群表示，沿江岸线，寸"土"寸金，这不仅是指沿江岸线的资源珍贵，更是守护生命线的必然要求。

　　上海振华重工启东海洋工程项目（简称"振华重工"）一侧的长江干堤边，昔日喧嚣的材料码头上滩涂平整，一片宁静。2007年12月，在未经长江委许可的情况下，"振华重工"在此处未批先建了L型舾装码头、材料码头、船坞船台等涉水工程，存在未批先建、填高滩地、防洪圈不封闭等问题，被国家长江办列入规范整改类项目。2020年9月，振华重工开启整改工作，将长江滩岸的"疤痕"一一抚平。

　　这一项目整改内容较多，涉及1.1公里堤防的复建、拆除约3万平方米的已建场地、拆除一幢2层办公楼、约10000多平方米钢板仓库搬迁，还有船坞门和船台门的改造等，投入成本大，整改难度大。然而，此时的振华重工也面临经济压力大、环保问题整改、多个长江岸线利用项目整治任务和全国新冠肺炎疫情影响等多重困境，加剧了这场规范整改工作的难度。

　　经过近一年的努力，"振华重工"以"壮士断腕"的气魄，按设计标准和规范要求完成了整改任务。一条长1.1公里按50年一遇防洪标准的堤防封闭圈修建完成，堤外滩地也铺上一层碧绿草坪，既保证防洪安全，又减少了水土流失，还提高了环境品质，成为企业职工饭后散步的首选之地。行走在江堤边，蓝天白云，江风习习，裹挟送来一阵阵青草的芬芳，感受金秋的美好。

四、总结推广，全面推进

2021年3月，南通全市区域治水畅流活水暨生态美丽幸福河湖建设现场会在启东召开。会议总结推广启东市、一区等区域治水试点先行区经验，部署推进区域治水畅流活水和生态美丽幸福河湖建设工作。

2021年目标任务是：全市区域治水畅流活水体系基本形成，农村黑臭河道基本消除，生态美丽幸福河湖建设稳步推进。全面完成启东试点和一区试运行。以县（市、区）为单位编制完成本地区域治水方案，因地制宜推进1—2个先行试点区域、总面积不小于200平方公里。

会议指出，2020年以来，全市各地以"系统化思维、片区化治理、精准化调度、长效化管护"的区域治水新思路，实施全市区域治水畅流活水工程。启东先行先试，仅用8个月就实现城区建成区东片37平方公里内44条河畅流活水，试点试运行取得明显成效。一区试运行工作扎实推进，通州投资1200万元合理布设20处简易控导工程，工程建成后，包括通州和通州湾示范区的近700平方公里区域将全面实现畅流活水。

会议要求，生态美丽幸福河湖建设是区域治水畅流活水成效的巩固和提升，重点推进"五横五纵"（通昌运河、通启运河、如泰运河、遥望港、拼茶运河，焦港、如海运河、通扬运河、九圩港、新江海河）生态廊道建设。2021年完成不少于1200条镇村生态美丽河道建设任务。

"南通市区域治水推进会在启东召开，是东风，是动力，我们要借助东风，借助动力，顺势而为，乘势而战，切实巩固建成区东片、三和港以西 120 平方公里治水成果，以'控源截污、自然活水、自然净化、自然修复''一控三自然'为重点，加快推进建成区西片、吕四港、圆陀角三个片区 260 平方公里及其周边水域提升改造，力争三年任务两年完成，彻底打破启东地表水'引不进、排不出、流不动、储不足'的水系瓶颈。在目前建成区西片、吕四城区、圆陀角片区截污全面完成的基础上，加紧实施水系连通及控导工程，力争区域治水三年任务两年完成！以更高标准、更强担当、更实作风、更优服务，真抓实干、狼性拼抢，全力打造启东水利'南通样板'。"启东市水务局局长宋亚昌激情满满，信心满满。

五、持续提升治理能力和水平

2021 年 6 月 2 日上午，启东市委书记李玲率市水务局、住建局、生态环境局主要负责同志，调研水环境治理工作。

李玲一行首先来到聚南大桥国控断面，现场察看新三和港河以西区域水质情况。新三和港河以西区域总面积 80 平方公里，位于启东西部，与海门接壤，区域内共有大小河道 39 条。该区域活水方案为"三面来水、一路出水"，即通过通启运河上游、新三和港河、区域外小型河道补水，从灯杆港河排水，形成断面水流由东向西流动，2020 年四季度达到 Ⅱ 类水标准。李玲强调，要狠抓控源截污，巩固整治成效，实现活水畅流。

南阳镇耕南村生态河道水清岸绿，波光粼粼，一幅美丽水生态画卷。李玲深入听取耕南村生态河道示范片工程建设情况汇报。该工程建设内容包括高标准打造 6 条市级示范生态河道、拆坝建桥 2 座、新建 1 座水利文化游园，总计疏浚河道 7.7 公里，疏浚土方 29700 方，新建

交融

竹篱笆护岸 2.5 公里，新建密排木桩护岸 4.2 公里，河坡上种植垂柳、碧桃、红叶石楠，新增绿化面积 52 亩。李玲强调，要不断完善政策，全力落实长效管护机制，着力打造水清、岸绿、河畅、景美的农村生态宜居水环境。

在丁仓港滨河体育公园，李玲仔细询问区域治水和城市河道管理情况，实地察看丁仓港河过水堰建设情况。启东市实施"1+3"区域治水，重点对城市建成区、吕四港镇区、圆陀角三个区域 380 平方公里及其周边水域进行全面梳理和提升改造，2020 年建成区东片实现活水畅流，2021 年建成区西片、吕四港镇区、圆陀角区域实现全域活水，2022 年逐步迈向流域治水、全域活水。丁仓港河（市区段）全长 8 公里，有 7 个过水堰，反复调节过水量，形成内外河道自然水位差，促进活水畅流。李玲强调，要整合力量，加强管护，完善机制，不断巩固区域治水成效。

在三条港河，李玲详细了解三条港河治理工程推进情况。三条港河治理重点是在现有基础上，全线清淤整治、河道沿线岸坡防护、畅通沿线支河口，提高区域排涝能力，稳固河口线，为农业生产生活创造更好条件。在头兴港二闸站，李玲认真听取建成区西片活水调度情况汇报，现场察看头兴港二闸站工程进展情况。建成区西片畅流活水范围以南引河为界，北区30平方公里，南区20平方公里，对现有水系布局进行调整，连通断头河道，提高水系连通性。头兴港二闸站建成后作为建成区西片内部河网的主要排水通道，已完成下游消力池段，8月初将完工验收。李玲要求相关部门和区镇，加强协调联动，推进系统治理，建立长效机制，持续提升全市水环境治理能力和水平。

2020年10月26日，启东市水务局会议室，赵瑞龙、喻福涛、卢建均、宋亚昌等。

【镜头一】

会议室电子大屏幕上，显示着一张启东西部的某个局部的三横（从北往南依次为通启运河、协兴河、南运河）三纵（由东向西为新三和港、聚星河、灯杆河）。启东水管站的工作人员正在用激光指示点指示着河道流水方向，河道上分别标注着水系导流箭头。三横的河道都是向西方向，三纵的都是往南方向，表明水的最终流向灯杆河闸然后注入长江。

【镜头二】

影像图景里，显示了某个关节点控水坝的特写镜头。赵瑞龙询问有关数据，工作人员对答如流。

启东市水务局有关工作人员汇报《2020年10月23日启东西片运行情况》如下：

一、准备情况

1.10月22日完成南运河、协兴河束水工程。

2.10月23日农历初七上午6时25分开启灯杆闸，下午2时05分关闭灯杆闸。三和港北闸24小时通闸引水。

二、观察情况

1.9:00分，南引河束水工程处，水位差15—20厘米，束水效果明显。

2.9:15分，灯杆闸河336线大桥，灯杆河水流向南，水面流速30厘米/秒。

3.9:30分，协兴河束水工程处，水位差8厘米，束水效果明显。观察协兴河北侧灯杆河流速在20厘米/秒以上。

4.9:55分，通启河聚南大桥国控断面，流速基本为零，经长时间仔细观察水中树枝，水流方向向西。

5.10:30分通启河聚星河交界处（约国控断面向西800米），通启河（东西向）流水基本不动，聚星河（南北向）水流较快，约10厘米/秒以上。

6.10:50分通启河灯杆河交界处，通启河（东西向）水流基本不动，通启河（南北向）水流2厘米/秒向南流，灯杆河（南北向）7厘米/秒向南流。注：此段灯杆河河面较窄。

7.11:20分，聚星河、协兴河交界处，北侧聚星河流速（向南）较快13厘米/秒以上，经交界处一路向西一路向南。

三、补充说明

1. 本次观察时间农历小汛（初七），灯杆闸排水能力不足，下次最佳观察时间 10 月 31 日（农历十五）至 11 月 3 日（农历十八），便于更好观察水流方向及流速。

2.10 月 25 日（初九），长江潮水较高，观察上述地段，流速明显变小，通启河与聚星河交界处，聚星河基本无流速。另一原因，与南引河束水工程部分损坏有关，有 12 根木桩已冲走。下阶段加快修复及完善束水措施。

四、个人意见

方案一：从 10 月 23 日观察结果看，通启河与灯杆河交界处，灯杆河水面宽仅 10 米距聚南断面 3 公里，而东侧的聚星河水面宽 20 米距聚南断南仅 800 米，且聚星河流速明显大于灯杆河，是否可尝试利用聚星河拉动聚南断面。方式如下：下次重点观察聚星河北段（通启河以北）沿线河流，对汇入聚星河水流水较大河流进行束水。

方案二：继续加大灯杆河沿线河道束水力度，达到减弱聚星河流量增加灯杆河北断流量效果，拉动聚南断面水体。

询问结束后，赵瑞龙胸有成竹地说："听了刚才这个地区的水文水质情况，我先说说，各组数据表明，前期的试验工作已经出现了我们所希望的结果，下一步完善工作必须跟上。"

赵瑞龙接过激光指示棒，对着电子屏说："目前，包括北片的水已经开始流动，根据情况还需再加强一点。聚星河南到协兴河与灯杆港有一个木坝，如果控制效果好，协兴河的水会往北回流。聚星河北边原先认为控水不足，如果能控制好支流的水源，通启河北部的控水会达到目的！"

说话间，电子屏上已经转到了这个区域的"云盘"高空图景。

"第二个呢，有点麻烦！如果把协兴河与灯杆港附近的木坝要移到聚星河以东任何一个地段都可以的！但整个水流方案要推倒重来。"赵瑞龙接着说。

赵瑞龙决定："新三和港北端要控！南运河与灯杆港要放！"赵专家的声音不高，但语调十分坚定。

"协兴河与南运河之间一共有12条支河，假如每条支河给1个流量就足矣！这样新三和港控流，协兴河水量东移，南运河放大流量，就可以完全达到水遂人愿。"赵瑞龙最后充满信心地说。

启东西部地区治水会诊会正在紧张有序地进行着，宋亚昌局长接着抛出了第二个话题，《关于东片试运行方案情况》他说，启东东部地区的河道的治理基本上能够在预定时间内完成，但许多工作要往前赶，许多收尾工作必须加强。东部所有的闸已经全部修好，到目前还有两个闸没有移交！控制系统基本上暂时没有用上，越往南，控制就越便利些，但水量必须增加到30—60厘米。几个景观工程正在有序完工并投入使用。

针对这方地带许多河流一时无法畅通的情况，为了让各条河流尽快活起来，在启东继续采用治水专家赵瑞龙的"黑科技"办法——拓坡导流墙来处理，这一技术在南通城区文峰公园北侧濠河应用后，获得出了巧妙的效果，在启东多条"断头河"上也屡试屡爽。除了利用这个"黑科技"外，凡是遇到该拆的建筑或土坝，毫不含糊地拆，还河道本来面目！

总之，治水效果要获得全面提升，连通是必要的前提。

启东的总体地势是南北走向中间高而东西两边低。而对于西部地区来说，又存在着区域内低外面高的特点。如何破解这个问题，西部地区要做好控导工程，能最低成本最大限度地建造5座规模稍大的闸和25座规模相对稍小的闸才能实现活水调度，水遂人愿，达到活水畅流。然后，在这个基础上建造水利智慧管控中心。

东部地区开会诊会议时面对的问题就是清障工作，清障包括清淤、箱涵清洗和两条断头河的打通，用宋亚昌局长的话说，接下来其他都是小问题。到开会诊会议时，像这样的问题仅有5条河没有处理！但要强势推进，该对有关乡镇村加压的，要发狠加力！

至于西部22座闸的问题要做一些调整，宋亚昌局长说，要向两位启东市市长进行汇报。

"宋局长和我想的一样。"赵瑞龙接过宋亚昌局长的话题，接着说，"清淤、清洗和断头河的打通是牛鼻子工程。庙港河清淤清不起来一切都免谈！"

赵瑞龙说的一切都免谈，也就表示了庙港河清淤工作的重要性，这一工程处理不好就会影响启东全局的区域治水。

大庙港河在启东市来说，只能算三级河道，它南北走向纵贯汇龙镇全境，全长在10公里左右。由于历史原因和贯通镇区，建筑生活垃圾偏多。即便北侧的中央河和南侧的南引河再多的水量排入再排出，也不可能让大庙港河排污变清。所以，赵瑞龙说的"大庙港河清淤清不起来，一切都免谈！"的道理就在这里。

"紫薇公园的拖拉管与泵站要同步施工，时间不等人，同时也便于工作开展；箱涵的清洗和清淤要注意实效到位，不能'捣江糊'！要考虑后期，目前进度不快，不是技术问题，是常规处置不当；马路河暂时搁一搁！要与将来水的流向问题一起考虑。"

赵瑞龙观点非常明确，轻重缓急态度鲜明。马路河，在大庙港河西侧约一公里的地方基本上与大庙港河平行，也属三级河，但长度不到其三分之一。

一起参加会诊会议的南通市水利局原副局长喻富涛，听了宋亚昌和赵瑞龙的交流意见后说："通盘考虑，倒排工期"。

赵瑞龙接着说："要注意增加成本与提高效率的关系，小项目增加几万，对于大项目来说是'小驼子背水'——算大账！但目标要明确，市场和行政推动相结合。"

在会诊会议上，宋亚昌问清淤工程队城区东片清淤清障大概多长时间能够完成，回答，大概三四个月。

"哪能够要三四个月的！清淤工程必须 11 月底之前全部完成！"宋亚昌局长的话斩钉截铁。

坐在宋局长会议桌对面的赵瑞龙把手头的烟蒂用力地往烟缸里一拧，说："正常情况下，每小时 88 立方米，按照正常情况只需 20 天！今天是 26 号了，四天，给你们四天时间，你们如果不进场，我们自己进场！给你们的压力要上转，不上转等于零！"

会诊会议最后还提到了要在西片的北部增加开挖一条河，因为原先被一家企业建厂房而截断的那条河地下管网太复杂，决定改道。

　　这是一场别开生面的会诊会议，是上压和下压同时拉大的会议，是经济性、实用性相结合，最后落实到可操作性的一次高效会议。

通州，控导工程　活水畅流

时间：2020 年—2021 年

地点：通州区

提要：翻开《南通区域治水规划图》，通州区属长江流域平原河网地区，境内河网由一、二、三、四级河道与丰产沟构成，逐级派生，交织成网。全区现有等级河道 1152 条，总长 2805 公里。为贯彻落实南通市委 2020 年 1 号文件精神，推进实施全市区域治水工程，构建全市现代区域治水体系，实现水安全保障、水资源保护、水生态修复和水环境治理能力的全面提升，推进区域经济社会可持续发展，南通市区域治水指挥部作出重要决策：将全市九大片区中的一区作为区域治水先行先试的"典型"。

一区位于通州区境内，试运行工程范围南起通吕运河，北至遥望港，西以竖石河、运盐河、团结河、西竖河为界，东至通州湾，面积约 240 平方公里，主要涉及金沙、西亭、十总、东社四个镇（街道）。2020 年，引水边界仍处于开敞状态，需新建 20 座临时控导工程。

试点工作得到市委市政府的直接关注，2020 年，徐惠民书记专题听取了一区的方案。这位批评不留情面，表扬也不吝啬的领导，当即表示：很好，我很满意。

为什么要选择一区作为区域治水的先导？南通市水利局局长吴晓春道出了其中的原委："首先，'一带一路'建设和长江经济带发展战略深入实施，长三角一体化发展上升为国家战略，为南通新一轮发展带来新机遇；其次，《长江三角洲城市群发展规划》明确南通为长三角北翼经济中心，省政府批复建设上海都市北翼门户城市；同时，南通

水蕴开沙岛

新机场、北沿江高铁、通州湾新出海口等重大项目筹建，将为南通高质量发展注入新的增长极。而第三点就是我们选择在一区先行先试的重要因素之一。"一番话显露了将区域治水融入南通经济与社会发展的深谋远虑和以点带面、全面拉动区域治水进程的深思熟虑。

根据区域治水规划的要求，营造通吕运河、九圩港、遥望港高水位引水，骨干河道中水位输送，三余片区低水位排水的三级水势，通过控导工程归顺水流，引导水流向各级河道依次有序流动，实现区域内水体的活水畅流。按照方案设计，20座控导工程可双向流水，即区域内各级河道缺水时，周围的控导系统可从各方引水入域，区域的河道水量超过一定承受量时，可向四周通过这些控导系统往外排水。

南通市水利局主导了试点工作。2020年9月4日，市水利局主持召开了《南通市区域治水总体方案一区试运行方案》专家评审会。会议认为选择的试运行范围具备先行先试的基础条件，利用现有水利工程、增减临时控导工程，营造水势，科学调度，具有较强的可操作性，可为全市区域治水累积经验，提供试验依据。

9月5日。通州区水利局召开试验区涉及镇的水利站长会议，对一区试运行情况作了传达，要求各镇迅速开展水系调查，提供内部水系畅通的整治清单和政治计划。随后，通州区水利局会同设计部门对临时控导工程的具体位置进行现场踏勘。

通州区区域治水战役打响，根据区域内部河网畅流活水的需要，对一区内水系不通的三、四级及以下河道进行疏浚，拆除坝头坝埂，打通断头河，根据水体流向要求建设分水工程，力求做一片活一片，建成"1+2+N"（金沙街道＋十总镇区、东社镇区＋若干条生态美丽幸福河）示范区，彻底改善人居环境。

任务艰巨，困难巨大。但攻坚克难的勇气和决心让大家最终啃下了硬骨头。2020年,通州区共拆除坝头坝埂3466条,新建桥涵1859座,整修河坡5080公里,绿化河坡2.18万亩,打捞沉船1359条,清理"三网"1.2万口。全区共配备机动保洁船36条,其中一、二级以上河道机械化保洁全覆盖。实施生态廊道水环境治理50公里、生态河道60公里。成功创建了3个水美乡镇、24个水美村庄。

2021年2月4日,通州区副总河长、副区长曹建新率队,检查区域治水一区临时控导工程——爱儿竖河临时控导闸。自工程筹备、实施以来,通州区委、区政府高度重视,党委、政府主要领导亲自部署推进,区域治水一区工程列入2021全区水利建设意见并全部落实专项资金。

为确保试运行成功,通州区先行在十总镇爱儿竖河与遥望港河河口建设完成临时控导建筑物。目前工程建筑物已建设完成,并对固定卷扬机启闭等操作进行试验获得成功。该工程的实施与运行,将为剩余19个控导建筑工程的优化设计打下坚实基础。

通州全区上下深入贯彻习近平总书记"十六字"治水思路,认真落实区委、区政府部署要求,以全面推行河长制为统领,坚持问题导向、坚持系统治理,努力打造水美家园,全区水生态环境治理与保护取得明显成效。通州区河长办公室被评为"长江经济带全面推行河(湖)长制先进单位"。

这是通州河道"两违"歼灭战重拳出击的真实镜头——

河道违法圈圩和违法建设专项整治是全面落实中央和省决策部署,坚决打赢打好江河保护战的重要举措。通州区政府成立"两违"整治指挥部,强势推动。在原来整治名录中的 20 条省级骨干河道的基础上，进一步扩大整治范围，将 30 条区管河道及 3 条镇管长江支河一并列为重点整治对象，落实"一违一策"，制定计划、挂图作战。9 月初，锡通园区在全区率先启动通启运河、张芝山竖河"两违"整治工作，打响了攻坚战的第一枪，整治采取"1+1+N"协同推进机制，经过 4 个月的集中攻坚，所有沿河违建的 245 户全部签订拆除协议，拆除面积约 6 万平方米。截至 2019 年 12 月底，全区河道"两违"专项整治项目已拆除取缔 572 处，拆除建筑面积 8 万多平方米。其中：省、市重点治理清单任务全面完成，拆除取缔 35 处，拆除建筑面积 2013 平方米，关停 23 处，整改规范 117 处。

这是长江（通州段）岸线综合整治强力推进的真实画面——

通州区拥有长江干流岸线 10.5 公里、长江港支堤 2.3 公里、洲堤 13.1 公里。除穿堤水工建筑外，共有岸线占用项目 21 个，涉及 15 个企业和 1 个机关单位。根据长江委整改规范项目清单，通州区需整治项目 17 个，其中：位于饮用水源一级保护区的项目 4 个，二级保护区的项目 5 个，未办理涉河建设许可存在重大防洪影响的整改项目、批建不符项目以及未办理涉河建设许可手续项目 9 个。通州区水利局成立整治项目专班，摸清底数，建立台账，有序推进工作开展。一方面严格按照项目清单，攻坚克难，做到应拆尽拆。目前，涉及华沙大桥、恒科新材料码头、007 疑似码头、沪通长江大桥施工栈桥码头等违规项目已顺利拆除。另一方面做好分类指导、科学处理好保护与发展的关系。通州区水利局多次到长江委和水利厅汇报沟通，对一些重点项目通过完善手续的方式进行整改。特别是新世界码头工程，通过不懈努力，终于通过了长江委员会专家评审并取得水行政许可批文。截至 2019 年 12 月底，长江干流通州段 17 个违规占用项目已拆除建筑面积 2.1 万平方米。另外，涉及蛟龙重工、亚华船舶制造、恒通重工三家企业重点整改项目按计划将于 2020 年 6 月 30 日前完成。

这是通州农村黑臭河道治理的真实场景——

通州区河长制全面推行后，农村水环境面貌日趋向好。但部分镇村仍然存在一定数量的黑臭河道，影响着人民群众的生产生活。如何将农村水生态治理工作进一步向纵深推进？找准难点，纾解痛点，是关键。必须下大力气消灭黑臭河道，解决农村水系"最后一公里"问题，回应人民群众对水美家园的强烈期盼。农村黑臭水体的形成，表象在河里，根子在岸上。通州区出台攻坚方案，按照"截污是前提、清障是基础、活水是灵魂、管理是保障"的总体思路，统筹推进治理工作。除了河道清淤、整坡绿化等常规措施外，配套截污纳管、农村改厕以及小型污水处理等设施建设，严禁污水直排河道，通过拆违控乱、以河养河等措施提升河道环境。全区共排查出 77 条农村黑臭水体，列入 2019-2020 年整治计划。截至 2019 年底，已完成 42 条农村黑臭水体整治任务。

这是通州重点水利工程建设有序推进的真实记录——

目前，通州区居民生活用水全部实现了优良的长江水，但由于水源单一，一旦发生长江污染事件，居民用水将面临巨大威胁，甚至影响社会安全稳定。通州水利人未雨绸缪，迫切早日建成应急备用水源，以防万一。一是加快推进城区地下水应急水源地建设项目。2019年，总投资1.35亿元，位于通吕运河南侧、高新区利民村内的城区地下水应急项目主体工程已接近完工，共凿深井13眼，规划供水能力2.5万吨／日，供水人口28万人。二是全面完成国家重点水利工程建设。经过积极争取，余丰河整治工程列入中央灾后重建水利薄弱环节建设项目，该河全长18.16公里，流经金沙街道、东社镇和十总镇，是通州区东部地区一条重要的引排二级河道。工程总投资4255万元。主要建设内容包括：疏浚河床土方35万方，新建各类护岸18公里。工程于2018年11月全面开工，2019年6月30日完工，建成后，不仅提高了河道引排能力，还打造出水美人怡的生态河道示范工程。实施完成了总投资900万元的国家水土保持项目，项目位于东社镇中和村、陈墩村和白龙庙居，对三马河、同灶河、三甲河等3条主干河道进行了水土流失防护，共清杂整坡9.4公里，疏浚河道3.6公里，木桩护岸8.7公里，建排水涵27座，水保林绿化100亩，治理水土流失面积9平方公里。三是实施了通启河片区水环境综合整治项目。针对通启河水质现状及污染来源，以支流整治为载体，进一步强化区域水环境建设，对川姜镇、张芝山镇境内6条支河采取"拆、封、截、清、调、管"等综合整治措施，通过系统治理、综合治理，切实提升通启河水环境质量。四是在水土流失治理中推广应用新技术。投资1000万元建设兴石河水土流失治理项目，项目涉及河道边坡清杂整理、河道两岸新建护岸、河道边坡防护及绿化种植等。工程尝试采用新的联锁块护坡方案，使得护坡具有可变性，方便修复；联锁块间留有孔洞，便于透气、透水，有利于植被生长，对垃圾和有害物直排入河道起到隔绝作用。护坡种植净化功效较强的植物，直接提升河道的自净能力。

通州区在南通市最严格水资源管理制度考核中，再次位列第一，获优秀等次，实现"六连冠"。

悦来保民村

海门，质效推进　五大工程

时间：2020 年

地点：海门

提要：海门治水，补短板，强监管，认认真真地排查问题，仔仔细细地寻找差距，切切实实地制定方案，踏踏实实地改进措施，针对项目实施缺少联动、排涝能力明显不足的现况。按照控源截污、活水畅流、生态修复总体要求，通过加快推进沿江沿海引排水工程、全面推进水系流通工程、统筹实施控导工程、系统打造智慧管控精准调度工程、建设生态美丽幸福河湖工程全力推进区域治水。

海门东临黄海，南依长江，独特的区位优势凸显治水护水责任的重大。近年来，海门在污染防治、努力破解水质型缺水难题，取得阶段性成效的基础上，积极探索"系统化思维、片区化治理、精准化调度"治水模式。

创新实施"水系大连通、水体大流动、工程大改造、沟河大整治、水质大提升"五大系列工程，有效提升治理效能，改善民生环境，补齐水利短板，推动全区水环境不断向好发展。

水系大连通

农村水系畅通工程作为农业基础设施建设，事关脱贫攻坚和全面建成小康社会大局。前几年，海门区虽然通过实施拆坝建涵（桥）等工程，各级沟河的引排能力有了较为明显的提升，但水利基础设施的短板仍然存在。特别是 2020 年梅雨期间短时强降水带来的局部地区的涝灾，给海门敲响了警钟，反证了进一步畅通水系的重要性。

为了让面广量大的泯沟这些"毛细血管""活"起来，消除断头河道，海门拓宽引排水河道卡口段，依法拆除渔网鱼簖及其他阻水障碍物，提升改造过流断面不足的箱涵等配套建筑物，恢复河道、沟塘等各类水体的自然连通，增加水体动能。同时，结合全区区域治水方案确定的目标和任务，年内计划投资 1600 余万元，实施一期主城区区域治水（圩角河以东区域）第一批工程，通过贯通断点、拆除堵点、清疏淤点等措施，逐步实现涝能排得出、旱能引得进，有效提高水体自净和水环境承载力。全年计划实施三级及以下河道配套建筑物升级改造 338 座，区域节点疏通工程 22 个。

水体大流动

流水不腐，户枢不蠹。海门区注重"大小结合、突出重点"，最大限度搞好水情调度。一方面，按照南通市局统一指令，依托通吕、通启两大运河，由西向东开展大范围调度活水；另一方面，科学利用该区两个水系、三个片区的自然水位差，精准调度河道控制建筑物，实施小范围活水。

与此同时，突出主城区这个重点，研究确定圩角河以东、青龙河以西、海门河以南至长江边约 42 平方公里作为首批试运行区域，主要以海门河、青龙河向本区域引水，限制西区青西河和圩角河的连通及青龙河入江流量，通过内部涵闸配水、日新河出江闸每日两潮退水，研究拟定了 6 条配水线路，从而带动圩角河以东区域河道水体流动，多措并举尽最大努力提升水体自净能力。

2020 年，海门参与南通大范围调度活水 2 次，全区沿江涵闸开展引排水 253 次，引水 290 万立方米，排水 6.47 亿立方米；内河涵闸

悦来镇保民河

累计引水 2232 小时，引水量 1.45 亿立方米。

工程大改造

滨江临海，涵闸等水利工程必不可少。如何实施智慧调水、按需调水、高效调水，实现水随人意，显得越来越重要。

针对多年来部分涵闸使用年久、设备老化、功能改变等问题，海门区围绕工程补短板，把 2021 年定为水利建设年。加大资金投入，加快实施十八匡河、青龙港综合整治工程等一批重大水利项目建设，大大改善全区水利工程基础设施条件，提高引排及防洪减灾能力。

目前，十八匡河综合整治工程已开工建设，力争年内完成主体工程；青龙港综合整治工程中青龙河南段和中段疏浚已完成，河道护岸工程正在加快推进中，水闸和堤防工程计划在汛后开工建设；海门河西闸和卫东闸拆除重建工程均已完成立项、初步设计已经批复，正抓紧时间开工建设。

沟河大整治

加强水环境治理，打造高颜值的生态河道是海门一直为之奋斗的目标。2017 年以来，海门区全面推行河长制，联动相关职能部门合力开展了"三乱、两违、三拆"专项整治、黑臭水体治理及生态河道建设，完成了 1124 个"三乱"、269 个"两违"、824 个"三拆"专项整治任务，整治黑臭水体 646 条，建设生态河道 545 条。在 2019 年南通市统计局发布的《2018 年南通市生态环境满意度调查报告》中，海门区村庄环境整治和河长制工作满意度为 99.4，河道治理情况满意度为 92.4。

2020 年，海门区继续强化河道治理，计划疏浚河道 628 条 408 公里，土方 334 万方；联动治理污染，持续推进 60 个村及 210 户分散农户的污水处理设施建设、"十个必接"及"六小行业"基础设施建设，整治深化工业企业污水排口 194 个，完成煤堆场、砂石堆场、易产生粉尘颗粒物的物料堆场及混凝土搅拌站"三场一站"整治 164 个，治理规模养殖场 177 家，新建废旧农膜回收点 24 个；年内完成改厕 4.1 万座，加快推进剩余的 130 个"三乱"、8 个"两违"、8 个"三拆"专项整治及 176 条黑臭水体治理、117 条生态河道建设、补绿造林 250 亩等重点工作。

水质大提升

紧盯入江河流及市考断面两大重点，做好水质提升这篇大文章，成为海门区 2020 年的攻坚重点。在入江支流综合整治上，紧紧抓住"排、拆、接、疏、治、管""六个"重要环节，落实"十个全面"要求，即全面排查入江河流排口，全面整治入江河流的支流，全面疏浚入江河流，全面整治入江河流两侧"小散乱"单位排水，全面整治入江河流两侧生活小区的排水，全面整治入江河流两侧工业企业排水，全面取缔入江河流两侧的"散乱污"及"四小"企业和家禽家畜违规养殖场，全面整治入江河流"两违""三乱"，全面提升入江河流两侧的码头和"三场一站"整治标准，全面治理农业面源污染。

特别是在河道疏浚上，水利部门制定了详细的年度治理方案，对海门河以南区域的沟河进行了全面的排查，计划疏浚入江支流及其周边河道 479 条 240 公里，土方 171 万方，确保在全面消除劣 V 类水质的基础上，入江河流水质得到大幅提升，全面达到 IV 类水质标准，50% 以上的入江河流达到 III 类水质以上。在市考断面达标整治上，全面排查海门河和圩角河及其支流污染源，突出生活污染、工业污染、养殖污染、船舶污染、支流污染整治，有效管控入河污染物排放，力争 2020 年年底市考断面全部达到Ⅲ类水质。

2021 年，海门区将统筹推进沿江沿海生态景观带建设，贯通沿江观光道约 20 千米，新建（改造）闸站 2 座，对沿江、沿海堤防占用进行清理。加快完成区域治水首批工程，积极开展典型示范片建设，全力打造海门区区域治水的新亮点。深入推进河长制工作，持续推进"两违三乱"专项整治，结合"三拆"专项整治行动，对全区范围二级以上骨干河道再排查再整治，做好三级以下河道治理，全面推进农村黑臭水体治理。有序实施水环境治理项目，投资 2.32 亿元，对浒通河、运盐河等 5 条（段）河道实施疏浚整治；投资 1.15 亿元，重点围绕 8 个区镇示范村、先进村打造水生态样板；开展闸站建设，年内实施常乐节制闸、青龙河北闸等 5 座闸站改造、拆建工程。

在海门区召开的区域治水暨 2021 年水利重点工作部署会上，副区长陈敢要求，坚持系统谋划，协同推进区域治水各项工作；坚持主动作为，高效推进河长制各项工作；紧盯目标要求，全力以赴推进各项水利重点工作。

三星镇叠石桥，海门西部边缘一个名不见经传的小村庄。改革开放后，这里成为全国各地创业投资者趋之若鹜的神奇之地。多年来，聚集了越来越多的纺织品经营户，给居住环境带来了巨大的压力。在河床上无序地搭棚、建房，导致生活污水横流：浒通河成了"尿通河"，毕进河成了"鼻急河"，海界河成了"黑界河"，而宋季河则成了"送命河"。

为了确保经济的健康繁荣发展，不能再让这样的无序生活秩序发展下去。海门区委、区政府成立了以市长为领导小组组长的工作班子，海门区水利局提出了一整套的治水方案，三星镇镇政府、镇河道办公室、水利所等单位组成工作小组，进行"5+2"、"白加黑"的艰苦作战，这是一种需要勇气和精神的作战，这是一种经济发展和环境治理观念的挑战，整治力度空前！整治难度空前！整治维度空前！

"海门叠石桥家纺城由于历史的原因，此处一度水质最差。全市区域治水全面启动后，海门人敢于从最乱处着手，这充分体现了海门人的担当和勇气！"南通市水利局党组书记、局长吴晓春给予评价。

"激烈的现场处置过程现在想起来都是不堪回首的！"水利所所长顾如兵谈起这段经历，神情凝重，语速明显低缓起来。

据统计，在全线拆违过程中，共拆违 7.5 万平方米，大小厂房 1675 户。在顾如兵办公室的电脑里，一组组拆违前的照片触目惊心：居民的住房周围能搭临时棚的地方都是临时棚，有人比作是当年的上海贫民窟，有人比作是非洲的难民营；村庄道路的两侧挨挨挤挤、密密麻麻的都是临时棚；在这个镇的河道上，有借着河坡搭着棚，有的在河道上打上水泥桩搭着棚，有的干脆就着一条水泥船，在水泥船上搭着棚子。由于外来人口的骤增，临时棚无处不在！

"为了水系连通，为了道畅水清，拆除所有违章我们只是多棋并举的第一着棋。而第二着棋便是拆坝！对，就是拆除横亘在浒通河上的三条大土坝！"

浒通河，是南通市的二级河道，位于海门境内，1960年和1979年两次开挖疏通，全长20.44公里，在过去30多年时间里，这里的人们为了进出方便，浒通河周边水系陆续打筑了11条没有任何涵洞的土坝，浒通河主干道河上三条平均间隔50多米一条土坝，形成了南通有名的"竹节河"。加上其他浜沟上的土坝，土坝之多，整个海门境内少有。

"这也是我们海门水利局最头痛处理最棘手的竹节河道！"海门区水利局沈平科长说。

政府开始动员拆除土坝，各条土坝头的居民、农民找出种种理由进行抵制。几条土坝，就是横卧河道上的几只拦路虎，就是几座通往活水畅胜利之路上的碉堡！

2020年，三星镇镇政府动用各方力量开始拆除浒通河上的3条土坝。这是一场环境保护与传统陋习坚决斗争的大动作。工程刚一展开，便遭到阻挠。

镇政府领导小组成员不分昼夜，动之以情，晓之以理，苦口婆心地做工作，给坝头农户、居民讲解活水畅流的道理，拆坝不是目的，让这里的民众用上清洁的水呼吸清新的空气才是根本。同时，根据实际情况，在河那边的农户修建了通往大道的水泥路，给这些住户提供出行方便。2020年夏天，经过一个多月的艰苦努力，3条土坝如愿拆除。2021年，其他河道上的6条土坝也相继得到了处理。来自通吕运河的汩汩长江水，引入到了浒通河，附近河道的水通过南部浒通河闸排入长江，这一地区形成了几十年来从未有过的真正意义上的活水畅流。

三、第三着棋便是打捞沉船和驱逐驻家船。

水路运输曾经是叠石桥最廉价的运输方式，随着陆路运输工具的不断提升，各类大小船只上的船主弃船上岸经商，而这些被弃船只，大多被船主沉入河底或成为廉价住房。这些以船为家的经营商户停靠河边，生活垃圾直排河道，加上附近河道上的违章建筑临时住棚，每天污水粪便直排河道，河水黑臭熏天。

2020年10月，一场打捞沉船和驱逐驻家船的战斗在三星镇浒通河上打响，场面复杂激烈。经过三星镇多方的共同努力，终于完成了浒通河道的综合整治。在短短3个月的时间里，共打捞沉船和驱逐住家船65艘（只），各种网簖、网袋20多处，疏浚各类河道125条。拆除非法码头堆场9个，为活水畅流扫除了障碍。

2020年，三星镇水利部门根据《海门工业园区城区水系专项规划》的要求，投资686.12万元完成了民诚竖河引水闸站和3座拆坝建桥，实现了"北引南排"的引排格局，彻底改变了几十年以来三星片水体不流动的现状，从2020年10月份引水闸站建成后通水到现在，加上近年来根据水系专项规划系统治理从"治标"向"治本"转变的思路而实施的截污纳管、河道疏浚、生态护岸、坝头坝埂拆除、违建拆除等一系列的治理措施，使三星独立水系内的水质有了质的改变，彻底改变原河道脏乱差黑臭的现象，成了人们休闲垂钓的好去处。

青龙河，历史上因河岸边生长郁郁葱葱的芦苇，远远看去恰似"青龙"而得名。是南通海门区境内的二级河道，南北走向，北起运盐河南侧，南至长江边，全长18.79公里，流经三厂工业园区、常乐镇、四甲镇等3个区镇。青龙河沿线老旧小区基础设施陈旧，部分居民区、企业生活污水和雨水合流，河流日常维护缺少区域联治，导致排江水质不稳定。一个时期，青龙河变成了"乌龙河"。

2020年3月、5月，全市先后召开污染防治攻坚战点评推进会，南通市委、市政府主要负责同志亲自部署长江经济带生态环境问题整改工作。市委书记徐惠民，市委副书记、市长王晖，市委常委、常务副市长单晓鸣等多次到海门青龙河现场指挥，实地检查督导。市长江办公室、生态环境部门牵头，会同市工信、住建、农业农村局等相关部门，多次对各自牵头督查的整改措施进行现场指导，合力推进问题整改。建立月报制度、联络员制度，明确市级销号管理要求，强化工作调度和推进。南通市区域治水指挥部要求：必须在2020年6月底前完成青龙河问题整改工作。

海门严格对照省、市要求，抓好工作落实。届时的海门市委、市政府主要领导部署推进，成立市级工作专项组，常务副市长牵头、分管副市长蹲点、部门区镇联动、条块结合、从严从实具体抓好问题整改落实。成立青龙河现场整治指挥部，抽调区镇和部门50余人组成10个工作组，累计投入近4亿元，围绕7个方面、13项整改措施和2项自我加压任务，实施区域整治、水岸共治。

——强化青龙河沿线排污口排查整治。采取声呐船、无人机以及人工多轮排查等方式，累计排查出130个排口。

除 50 个雨水排口予以保留外，其余均进行截污封堵。

——推进化工园区安全环保提升整治。对青龙园区内 7 家化工企业关停转型，对 8 家化工企业整治提升；对 19 家正在生产的企业安装雨水排口终端在线监测，实现雨污分流整治；同时，委托第三方单位，对园区内 13 家重点企业水平进行论证，建成青龙河水质自动监测站。

——加快青龙河沿线生活污水管铺设。按照青龙河沿线集镇、集聚区生活污水"十个必接"要求，对沿线排查发现的问题排口全部截污纳管，完成 196 家"六小行业"整治。实施了青龙河沿线"散乱污"企业专项整治。18 家"散乱污"企业完成"两断三清"；加强了日常监管巡查，严防"死灰复燃"。开展了青龙河沿线畜禽养殖场专项整治。12 家畜禽养殖场均已关闭拆除、复垦到位，并对再次排查发现的 5 家畜禽养殖场进行了整改，落实长效管控措施。

——专项整治青龙河沿线码头堆场。青龙河沿线原有的 14 个没有任何审批手续的港口码头拆除完毕。11 家"三场一站"中，10 家已拆除，1 家实现了整治提升，强化了长效管理。同时，通过专家授课、部门宣讲、媒体宣传等形式，对三厂工业园区相关企业负责人进行警示教育，提升了青龙河沿线企业和居民水环境保护意识。强化联动执法，生态环境、公安部门开展联合突击检查 4 次，处罚企业 7 家、处罚金额 82.21 万元。制定《青龙河水质监测方案》，实施每周加密监测，动态掌握水质状况；严格沿江涵闸运行管理，健全闸口管理制度，科学开展引排水工作。

为了巩固整治成效。一方面实施青龙河流域疏浚工程。

海门市投入 592 万元，对青龙河及支流进行疏浚，通过河道疏浚和岸堤平整绿化，助推水生态环境得到修复。另一方面，实施青龙港老镇区及青龙河两侧拆迁工程。对河岸两侧包括 43 家"散乱污"企业在内的单位进行清拆，清拆面积达 7.8 万平方米。及时进行复绿，形成河岸绿色生态缓冲带。

经过综合整治整改，海门在这次战役中取得的大的成效，青龙河沿线雨污混流排口全面清理接管，"散乱污"企业、畜禽养殖污染、"三场一站"和码头污染等全部整改到位，化工园区安全环保管理水平得到提升，青龙河沿线污染源排放风险得到有效控制，水环境保护的整体氛围已经形成。当前，青龙河水质总体稳定在 IV 类，确保了青龙河清水入江。

如皋，高点定位　多管齐下

时间：2021 年

地点：如皋白蒲"三合一"区域治水指挥部

提要：如皋治水，高点定位，市委书记何益军一句"在十四五期间，把所有的河道都理一遍"展开了如皋区域治水序幕，全市划分 12 个片区，在一片区治水前线成立"三合一"指挥部。由南通、如皋两级行业主管部门和设计单位协同办公，全力打造"清、活、畅、美"的幸福河流，让乡村重现往日芦花放、稻谷香、岸柳成行的自然风貌，让老百姓重温旧时趟河水、钓野味、品尝河鲜的温馨时光。

如皋是江海平原成陆最早、因而也是地势最高的地方。南通市水利局总工程师卢建均介绍说：南通市地势总体西北高、东南低，各片区水位高低不一，只有因地制宜，因势利导，才能确保水能引得进，流得通，灌得上，排得出。众所周知，现行行政区划与水系并不完全一致，"三合一"的指挥体系就是为了打破行政上的各自为政，按照水的自然规律来重构治水格局的一种积极探索。

在如皋市与通州区接壤的白蒲镇，2020年4月，南通、如皋两级治水主管部门和设计单位，成立了"三合一"区域治水指挥部协同办公。南通市人民政府特聘的赵瑞龙、喻福涛和南通市水利局总工卢建均等专家全过程介入治水方案制定，确定控导工程的形式与数量；如皋水务局邀请设计经验丰富的南通市水利勘察设计研究院有限公司开展设计工作；南通市水利局负责县域之间的协调，如皋水务局负责划定片区治理的实施。

"如皋市地处高沙土腹地，地势高、土质沙，水土易流失，河道疏浚周期短，因此河道治理不是用短暂之时、朝夕之力便能收效的。必须坚持长期性、系统性和综合性，久久为功，实现人水和谐、生态自然、持续发展，造福百姓。"如皋市水务局副局长管峰介绍说。和兄弟市县比较，我们是百步差距，治理经费是百万投入，我们有百倍信心，一切百尺竿头，从头做起。四个百字，斩钉截铁。

2019年始，如皋市通过聚焦"痛点"、打通"堵点"、解决"难点"，综合运用"截、清、引、治"等举措，高标准、高质量、高水平打造生态河道，构建"爱河、治河、护河"新格局。

——聚焦"痛点"。

"不觉河道清，只见河道塌"是河道治理的"痛点"。过去，河道治理大多是疏浚和清淤，主要目的是恢复河道灌溉和引排水功能。但随着群众对生态环境的要求日益提高，推进综合整治，打造生态河道成为群众迫切的需求。

几年前，桃北中心河一直是村里的一个"痛点"。多年来，桃北村中心居住河由于坝头坝埂较多，水系不畅，杂草丛生，再加上长期雨水冲刷，河坡水土流失严重，河坡大面积塌方。自河长制落实到位后，桃北村城南街道投入200多万元对河道进行整治，拆除坝头坝埂，在河坡种草栽树固土、护河护坡，同时创新举措，在沿河道路设置集水槽，每40米布置集水井直通河道表面，减少雨水冲击河坡，避免水土流失，整体面貌焕然一新。

聚焦"痛点"，坚持系统化思维是核心。如皋市秉承"生态从来不是孤立的，它与民生和人民群众的幸福感、获得感休戚相关"的理念，既立足当下"治好河"，更通盘考虑"管好河"、立足长远"护好河"。

——打通"堵点"。

如皋水利集中整治

水面无人接触、河道无人能进、水里无人养鱼、河坡杂树杂草丛生及生活污水直排的一系列问题，这是城南街道的申徐中心河曾经的风貌。而今，这条全长 1800 米，两岸村民 340 户，流经 7 个村民小组的居住河，却是河水清澈、绿树成荫。

2019 年，申徐中心河整治中根据实际情况，对沿河居户实施改厕工程，清理了 260 处排水排污管，打通了居民乱排乱放的"堵点"，河道水质明显提升。如今的申徐中心河，清澈的水面上倒映着两边的美景，放眼望去，视野一片开阔，春天桃花盛开，成为农村河道整治的"样板河"。

打通"堵点"，坚持精准化施策是关键。如皋市坚持从实际出发，坚持问题导向，什么问题突出就着重解决什么问题。结合每条河的土质特点、水文特征、村民居住习惯、河道现有状况，因地制宜、因河施策。同时，职能部门和村（社区）协调，确保方案有序推进、抓实抓细、慎终如始、精准落实。

——解决"难点"。

城南街道现有 180 条农村河道，每年都会对 20 条左右河道进行治理，获得群众的关注和满意。2020 年，城南街道再次调整工作思路，加强规划设计，由"漫灌式"治理向"精准化"治理转化，计划高标准、高质量、高水平打造 14 条农村生态河道。

解决"难点"，坚持生态化治理是根本。如皋市在河道治理中坚持生态治理理念，采用生态袋、仿木桩、管桩等方式护岸，种植狗牙根或黑牧草保护河坡，有效提升了河道治理水平。

"痛点、堵点、难点，仅仅是解决了做什么的认识问题，关键还是要落实怎么做的措施问题。如皋的具体措施就是截、清、引、治的综合运用"。水务局副局长管峰继续说。

截，堵住直排河道污水，提升水环境质量。截至目前，全市共计整治排口 1042 个，其中封堵 418 个，截污纳管 396 个，达标排放 228 个；推进管网"十个必接"工作，建成污水主管网及"十个必接"支管网 143 公里。

清，开展河道清淤，保证活水清流。完成焦港北段、如泰河西段清淤工程，其中焦港北段共清淤 10.7 公里，清淤土方 29.7 万方，如泰河西段清淤 6.7 公里，清淤土方 11 万方。同时完成镇级河道整治 18 条、53.13 公里，清淤 84.57 万方，村级河道整治 176 条、259.82 公里，清淤 271.27 万方。

引，连通水脉，实现流水不腐。新建的如泰运河接通工程和焦港泵站工程有效提高了如皋市供排水能力，保证引排水有序调度，促进水体流动，改善区域水质和水生态环境。

治，治好了水，城市就多了活力，乡村就添了灵性。如皋市着力提升污水治理能力，完善城镇污水处理设施，完成 13 个污水处理厂提标改造，并大力推进村庄生活污水处理设施建设。

"思路清晰了，目标明确了，措施到位了，成效又如何呢？我们觉得群众的满意度、幸福感应该是最根本的效果。"对此，如皋水利人深有感触。

2020 年，如皋市理清河道整治思路，提出了治一条、成一条，管一条、护一条的精准治理模式。同时采取五大举措治水，成效显著。

一是以"河长"为引领，统筹推进干支流治理。在开展全域水环境治理的同时，继续落实河长制断面管控区重点管控制度和联防联控机制，如皋市四套班子领导兼任市考以上断面附近 39 条污染支流河长，统筹推进干流治理向支流治理的系统性治理，协调推进农业、工业、服务业和生活领域四污并治。分管水利的副市长张百璘更是重任在肩，不敢松懈，常抓长管，奔波在大江小河之滨，现场发现、解决问题。

二是以治本为基础，提升全域水环境质量。完成3家印染企业17台落后设备淘汰工作，22家印染企业整治提升全部完成，关闭退出化工企业25家，整治排口1042个，推进管网"十个必接"，建成污水主管网及"十个必接"支管网143公里。开展河道清淤，完成镇级河道整治18条、53.13公里，清淤84.57万方，村级河道整治176条、259.82公里，清淤271.27万方。着力提升污水治理能力，完成13个污水处理厂提标改造，建成村庄污水处理设施72个。

三是以问题为导向，竭力推进重点断面水环境改善。针对断面超标较多的如泰运河和通扬运河两条主要河道，加大对总磷污染物的排查和研究，制定工作方案。委托第三方对重点断面和周边38条支流开展例行监测，全年发布监测分析报告44期，及时掌握重点断面周

龙游湖

边支流水质变化情况，为支流管控和整治工作提供技术支撑。

四是以考核为抓手，大力实施二级河道水环境治理。按照全市水环境整治向纵深推进决策部署，在全市范围内选取长江等8个镇（区、街道）部分二级河道增设监测考核断面，通过对相关镇区二级河道考核，强化镇（区、街道）水环境治理向二级河流延伸，调动镇区水环境治理的主动性。有力促进二级河道水质量的提升。

五是以经济为杠杆，全力实施水环境区域生态补偿。如皋创新举措在南通地区率先启动镇区间水环境区域生态补偿工作。按月发布生态补偿结算结果，倒逼各镇区压实主体责任，重视水环境治理工作。依据如皋市水环境区域生态补偿考核办法2019年全年补助资金565.61万元，十个镇区获得奖励，有力推进了水环境质量改善。

2021年4月9日，如皋市区域水环境治理动员部署会议召开。市委副书记、市长王鸣昊指出，面对持久水安全、优质水资源、健康水生态、宜居水环境的新要求，要以更高的政治站位、更实的工作举措、更强的责任担当，切实做到"三个更加"。一是提高站位，在思想上要更加重视，只有高标准才有高质量。要把习近平生态文明思想贯穿于水环境治理和水生态环境建设的全过程、全方面；要对标上级治水方针政策抓推进，紧跟南通全域治水步伐，全面系统抓好水环境治理各项工作；要对标高质量发展要求抓推进，以更加鲜明的问题导向，奔着问题去，瞄准问题改，确保市委、市政府的各项决策部署落到实处、见到实效。二是聚焦重点，在举措上要更加扎实。2021年的水环境治理目标任务就是全面消除223条黑臭水体，建设15条生态河道，落实1个片区区域治水和城北街道示范区建设任务。全市上下要统一思想、统一行动，切实强化政治敏锐性和执行力，创造更多水环境治理的过硬成果。三是压实责任，在落实上要更加有效。各部门、各板块要强化责任落实，夯实工作机制，细化工作举措，不折不扣抓好各项工作任务落实。

要重点完成"三个转变"：在治水思路上，从碎片化思维转向系统化思维，要以片区化治理为抓手，在防洪排涝、水资源的调度、闸泵的联动等方面系统思考，统筹推进，推动全市域水环境质量提升。在治水目标上，从单一化转向多元化，在防洪保安、保生产的基础上，做到水安全、水资源、水环境、水生态等多元共赢。在治水方式上，从粗放式转向精细化，加快推进智慧水利建设，运用信息化、数字化，推动水利工程建设管理、水旱灾害防御、水资源安全、水利工程调度、岸线监管、水环境治理全方位提档升级。

全市区域治水的集结号已经吹响，在市委、市政府的领导下，如皋高点定位，出手不凡。它是新时代如皋治水的新作为，是"争先豪情、克难勇气、科学态度、创新思维、实干作风"新时代南通治水精神实践的新篇章。

五彩乡村

海安，长效管理　特色鲜明

时间：2008 年—2021 年

地点：海安

提要：海安水利，亮点纷呈，而最为抢眼的当数长效管理后海安河道纵横，水网密布；全境有多少条河道，全市就有多少位河长，全网就有多少个网格。这些网格如天眼般地密切注视着河道。海安的同志说得好：水利，利从何来，一靠治，二靠制；治是手段，制则是管理；是河长制的实行维系着海安河道的长效久安。

2008 年，海安在南通市率先建立河长制，先后实施"清水工程"三年行动计划、"百河千里"标准化工程、"以河养河，生态保洁"工程，持续开展黑臭河道、畜禽养殖直排等专项整治。

2013 年 3 月，海安在全省率先成立河长制办公室。此后，不断建立健全"两级党政、三级河长"管理体系，成立了由县委、县政府主要负责人担任总河长，分管负责人担任副总河长，水利、住建、国土等 17 个部门为成员的河长制工作领导小组，领导小组办公室负责河长制日常管理和督查考核等工作。明确各区镇党委、政府主要负责人担任区镇级总河长、副总河长，并成立相应的领导小组和办公室。全市配备的市级河长、镇级河长和村级河长覆盖各级河道及所有沟塘。另有民间河长、企业河长、警察河长参与巡河、治河、护河，形成"党政齐抓、上下共管"的组织网络体系。

海安以河长制为引领，集中优势，形成合力，坚持联防联治，落

金色里下河

实各级责任；坚持标本兼治，提升水体质量；坚持管治结合，建立长效机制的基础上，按照"整洁河""标准河""示范河"的标准由点及线、由线及面的逐级提升，河道水质大幅改善，河道环境明显改观，重新恢复了"水清、河畅、鱼游、景美"的自然风貌。

2017 年 9 月，水利部督察组来江苏开展河长制工作督导检查，海安作为江苏唯一的市级代表接受考核。督察组认为：海安市河长制目标明确，要求规范，工作扎实，有亮点，有突破，有创新。吉林、湖南、福建、陕西等 36 个县市党政代表团、专家组也先后来到海安参观、考察、交流。

特色之一：以河养河，生态保洁。

海安市把河道养护与富民工程结合起来，实行养鱼食草净水体的方法来养护河道，对不宜实施养殖的河塘，也要求因地制宜，落实保洁包干责任，做到宜养尽养，能放则放，对促进鱼类生态平衡，形成河水中完整的生物链，稳定水系生态环境起到积极作用，既减少了保洁用工，又让农民通过养鱼增加了收入，取得实实在在的生态"红利"。

河道保洁最棘手的难题是河中拦网，流水受阻。全市各级"河长"冲在一线，做好养殖户的政治思想工作，有的"河长"带头下河清网，保证河水通畅；有的"河长"在岸上牵头铺设管网，将工厂企业废水、居民生活污水收集入网处理，进行回水利用，达标排放。全市河道保洁常态化后，大小河道面貌焕然一新。

海安市对 27 条、550 公里一、二级及三级通航河道常态化推行市场化运作、机械化保洁，1638 条三、四级以下不通航河道及沟塘全部实行"以河养河、生态保洁"机制，形成"水上种植，水下养鱼"的新模式。全市新增种植莲藕、菱角等 1000 多亩，累计投放鱼苗 564 万尾。在改善水环境的同时，让市民乐享"以河养河"的福利，实现了经济、社会、生态效益的共赢。

特色之二：界河管理，合作共赢。

行政有界，流水无边。在水环境治理工作中，跨界河道的治理一直是个难题。海安市与如东县接壤，与泰州市姜堰区相交，南和如皋市毗邻，北与东台市相连，交界河道众多，交界岸线总长达45千米。由于界河地理位置不在中心区域，往往成为各级管理的死角、水生态环境建设的难题，交界河成为两地政府河道管理上的"烦心河"。事实证明：河湖治理是一项系统性工程，没有上下游、左右岸、干支流的同治，河道面貌就难以真正实现改观。

海安市主动探索跨界联合治水新模式、新机制，打破行政区划壁垒，与毗邻的县（市）联合，通过建立界河联防联治联席工作制度，联合河长制、联合执法监管等一系列措施，全面推进边界水环境联防联治工作。双方协商签订了《共同保洁协议》，一起公开招聘保洁公司常年化保洁河道。

东姜黄河是江苏省省管骨干河道，此河北段是南通市与泰州市的交界河，也是海安市与姜堰区的界河，南北近15公里。长期以来，东姜黄河的水环境脏、杂、障的问题一直困扰着两地政府，东姜黄河两岸的群众苦不堪言，反应强烈。

海安市与姜堰区签订了《共同保洁协议书》，共同维护东姜黄河的保洁工作。协议书规定：泰州市姜堰区水利局委托南通市海安市水利局将交界河东姜黄河双方共有的河面纳入南通市海安市一、二级河道保洁工程，并按海安方的考核标准、考核办法实行，保洁费用在年终一次性付给海安。在此基础上，海安市还与如东县、泰兴市陆续签订了界河保洁协议。

从曾经纠纷频现的跨界河，到现在双方"河长"管河，随时交流

水乡白甸

畜禽养殖污染、面源污染治理、"两违三乱"整治等方面信息，共同保护好水生态、还河流淌碧浪清波,交界河成为两地共同治理的"连心河"。

"海安市经常召集相邻的姜黄河、西红星河、栟茶河、白娄河等交界河两岸镇、村召开'河长'工作协调会,推动河两岸'河长'履职尽责。"海安市"河长办"专职副主任、水利局副局长章本林介绍说。

暮春时节,里下河风景正好。海安市南莫镇"河长办"副主任朱宝荣、盐城市滦东镇"河长办"主任刘富强、江苏巨邦保洁公司代表吴四海及白娄河沿线村级"河长"等一行共同巡查交界河——白娄河。

海安的实践充分证明"团结治水、合作共赢"的理念是积极的、可行的,水清、岸洁、景美给人民群众带来了实实在在的幸福感。海安的做法已经成为江苏省跨界河管护的样板。

特色之三 : 实名公示,接受监督。

实行"河长制"的常态化、长效化，就必须力戒"空牌、空话"的官僚主义、形式主义作风，采取扎扎实实的措施，认认真真地压实"河长"的责任，让"河长"在水环境污染的攻坚战中见人、尽职、显效。

竖立公示牌，随时监督"河长"工作。目前，海安市有市、镇、村三级"河长"550人，为强化各级"河长"管护水生态的责任心、使命感，全市不同等级的河道边竖起3114块"河长"公示牌，公示镇、村两级"河长"的照片和手机号码，接受群众咨询、举报。群众发现有污染水环境违法行为，可以随时打电话向"河长"反映。而"河长"对河道的管理也直接展现在群众的眼里，工作情况群众也能了解得清清楚楚。

以前，海安"河长"常接到关于畜禽养殖场偷排畜禽粪便污染水环境的举报。客观分析、问题在河里，根子在岸上。海安是全国畜禽

春到水乡

养殖大市，畜禽污染是河道污染的主要来源。因此，市、镇、村三级"河长"把解决畜禽养殖污染作为河道治污的头等大事，设置畜禽禁养、限养区域，搬迁拆除一、二级河两岸畜禽养殖场（户），提升水生态，保护水环境。一年多时间，全市关停禁养区内养殖场（户）和不规范的养殖场（户）912 个，拆除"两违"建筑 67 个，打击非法捕捞行为 30 多例。

抽签考核，明察暗访"河长"工作。为确保"河长"工作的有效进行，海安市抽调纪监委、水利、环境等部门组成督查组，采取抽签检查、明察暗访的方式，对存在的问题拍照、录像，通过当地新闻媒体公示曝光，督促整改，力推水环境整治和水生态保护。262 名社会监督员和志愿者常态化开展监督工作，形成水陆共治、部门联治、全民群治的河道保护管理长效机制。

随着河长制工作深入有序地开展，"河长"们手中的监管利器越来越多，"智慧治水"效应越来越明显。巡河中发现的问题如没有及时处置到位怎么办？对此海安"河长制"办公室正式启用手机 APP 巡河系统。该系统实现了巡河工作"痕迹化"管理，在第一时间发现河道治理问题并跟进解决，有助实现河道长效管护。据统计，全市 588 名河长利用 APP 巡河系统，巡河近 4000 次，发现并处理问题 2600 多个。

特别有意义的是，海安大公镇是南通市率先推出"河道警长"工作机制的镇。警长是大公派出所的民警，15 个行政村全部配备；河道警长成为"河长"的参谋，负责搜集、掌握包干河道特别是饮用水源保护区内的重点排污点等相关情报信息，配合政府排查化解因治水工作引发的不稳定因素，依法严厉打击涉嫌污染环境的违法犯罪行为，组织开展包干河道周边区域及村居的日常治安巡查，依法维护治水工作现场秩序。河道警长设立以来，积极参与全镇河道整治工作，先后清理杂树 12000 多棵，拆除网箱、网簖等 300 多处，打捞沉船 50 多条，清除河坡垃圾 2000 多吨。

2019 年，省核、市考断面水质优Ⅲ类比例均大达 66.7%，实现历史性突破。2020 年底，该指标达 100%。

2020 年，江苏省人民政府对 2019 年推进供给侧结构性改革、打好三大攻坚战和实施乡村振兴战略、深化"放管服"改革优化营商环境、强化创新驱动发展、推动产业转型升级、保障和改善民生等有关重大政策措施真抓实干、取得明显成效的县市区予以奖励。海安因河长制湖长制工作推进力度大、河湖管理保护成效明显获省政府奖励。

2021 年 6 月，经中央批准，水利部印发《关于表彰全面推行河长制湖长制先进集体和先进个人的决定》，章本林荣获"全面推行河长制湖长制工作先进工作者"称号。"这是对海安水利人工作对肯定，也是激励我们进一步锐意进取、履职尽责。"章本林如是说。

如东袁庄

如东，河岸共治　创新格局

时间：2019 年—2021 年

地点：如东

提要：如东治水，故事颇多。但最为精彩的莫过于利民惠民工程——三河六岸的整治。三河六岸整治是如东城建史上的一项创举，也是如东水利史上的一个创举，其整治范围之广、投资之多、影响之大，堪称如东历史之最。三年来，三河六岸建设演绎的速度与激情，诠释的靓丽与清新，展示的风采与魅力，着实令人振奋，让人神往。

如东东濒黄海，河道纵横交错，河网水系发达。全县共有河道 2011 条，全长 4065 公里，水域面积率超过全县国土面积的 10%，这本是如东得大独厚的水源优势。然而，全境数千条河流，却使老百姓有水不见水、见水不近水、近水不亲水、亲水不净水。究其缘由：污染。尽管历届政府也曾投入大量的人力、物力、财力进行整治，但收效甚微。牛奶河、咖啡河、黑臭河成为大多数河道挥之不去的梦魇。

步入新时代，如东水利如何立足新发展阶段，贯彻新发展理念，既是新形势下的新课题，又是新挑战中的新担当。如东县委、县政府面对异常严峻的治水形势，面对异常强烈的群众反映，经过深入细致地调研，科学严谨地论证，审时度势，果断决策，将"三河六岸"河道整治及景观绿化提上议事日程，并作为全县科学治水、高效治水、务实治水的标杆。

欲求城内水清，须城周边水清。欲求局部水清，须全域水清。

"三河"，指流经县城城区的如泰运河、掘苴河、掘坎河；"六岸"，指河流两岸。以此为建设范围，总面积 193.36 公顷，总投资 12.61 亿元。通过土方清淤、封堵排口、管网建设、市政道路、河滨公园建设，绿化美化河岸、修复河道水系、控制河道污染，同时完善城市慢行功能，推进沿河商业开发，打造"六岸、五咀、两湾、两街、八馆"景观效果，形成连续开放的滨水公共空间系统、连续完整的绿道网络系统和地方特色浓厚的文化体系。把城区打造成"城依水、水抱城"具有江海文化的美丽县城。

三河构想，文以载道。结合如东成陆历史，把如东的城市文脉按照时间梳理归结为盐运文化、海洋文化、海运文化、工业文化。结合三河区位，分别赋予不同的文化特色。

掘坎河，即水城回归时光河。通过盐岭绿垣、石板古韵、掘港新象来演绎盐运市井文化，打造柳堤时光水岸和岸街文化水岸。

如泰运河，即水岸复兴时光河。通过归帆满载、扶海乘舟、极光异彩、楼船渔火等河咀公园地景和水泥厂艺术街区来传承海运文化和工业文化，打造艺术幻彩水岸和五彩树林水岸。

掘苴河，即如海未来时光河。通过城市雕塑和滨水绿道结合演绎艺术和科创现代文化，打造活力的水岸和生态的水岸。

六岸，即活力生态水岸、碧霞生活水岸、五彩树林水岸、岸街文化水岸、柳堤时光水岸、艺术幻彩水岸。

五咀，即关西咀公园、虹桥咀公园、南闸咀公园、三河咀公园、青园咀公园。

两湾，即碧霞湾、如意湾。

两街，即掘港时光街、水泥厂跳蚤街。

八馆，即如意馆、银滩馆、名人馆、碧霞馆、盐垣馆、绿能馆、扶海馆、满载馆八个不同的主题馆、纪念馆。

晚霞鹭影

南黄海

诗意般的画面，梦幻般的美景。

把蓝图变为现实，需要治水人的艰辛付出。

2021年6月4日，本书编写组到如东采访，水务局局长汤杰、副局长许志刚、住建局总工俞力彦等提供了一组数据：

——截污工程。新建污水纳管 4.34 公里，消除排污口 37 处，新建截流井 21 座，改造截流井 25 座，疏通既有管道 7.7 公里。其中，如泰运河污水管道 1.6 公里，消除排污口 8 处，新建截流井 7 座，改造截流井 5 座，疏通管道 4.25 公里；公共河污水管道 2.5 公里，消除排污口 28 处，新建截流井 13 座；掘苴河污水管道 0.24 公里，消除排污口 1 处，新建截流井 1 座、改造截流井 3 座、疏通管道 1.2 公里；掘坎河改造截流井 17 座，疏通管道 2.25 公里。

掘苴河西侧人民桥泵站至恒发污水处理厂新建 DN800 污水球墨

铸铁管压力管道6.15公里；新建雨水调蓄池5座。

——河道整治。如泰运河新建浆砌片石挡土墙1.2公里，修复原挡土墙2公里；公共河新建生态仿木桩、杉木桩护岸3.7公里；掘坎河修复挡土墙3.4公里。

——清淤工程。三河六岸项目共清淤水下方45.04万立方米，其中如泰运河12.77万立方米，公共河5.59万立方米、掘坎河9.74万立方米、掘苴河16.94万立方米。

——水生态修复。主要修复河道、河塘内挺水植物、沉水植物群落，为水生动物提供栖息环境，提供生物多样性，提升水体自净能力。

为了实现露水、活水、净水的目标，为了建设绿色、人文、活力的河岸，无论是严寒酷暑，无论是刮风下雨，水利人始终战斗在治水第一线，用攻坚克难的行功诠释新时期区域治水的"如东担当"。

时至今日，如东水利渐入佳境，三河六岸的故事已进入高潮。河岸共治，带来了水清、河畅、岸绿、景美的显效，赢得了老百姓的交口称赞：

> 如日东升的沃土，
> 满怀期待；
> 如火如荼的建设，
> 方兴未艾……
> 五咀公园千姿百态，
> 两湾风光千金难买。
> 最爱两街，
> 从远古通向未来——
> 历史的韵味，

穿越千年万载；
时代的气息，
流淌浓浓的情怀。

2020 年，南通全市区域治水拉开大幕。如东恰逢其时，乘势而上。11 月 7 日，如东县委、县政府召开全县区域治水座谈会。会议提出：要务实举措，与全市区域治水工作加快衔接、加快融入，建立健全强有力的工作推进机制，编制完善更系统、更科学、更精准的区域治水方案，为下一步推进清水绿岸"三年提升"行动，提升区域治水的能力水平提供有力支撑，确保"十四五"期间全面实现"清水绿岸、美丽如东"的既定目标。

县委书记沈峻峰指出，如东因水而兴，但水环境污染问题，也成为困扰如东发展的一大难题，成为经济社会高质量发展必须加快解决的迫切课题。2020 年，全县水环境治理工作处在攻坚克难的关键期，要进一步加强顶层设计，强化系统思维，更系统、更科学、更精准地推进区域治水，是如东从根本上解决水环境问题的务实之举、长远之计。

抓实抓好区域治水，如东有基础、有困难、有决心、有愿景。一定要坚定信心，把不懈努力打下的基础利用好、发挥好，把艰巨任务带来的压力和挑战转化为补短板、强弱项的强大动力，把上级要求、百姓期盼转化为攻坚克难的坚定决心和责任担当，以"清水绿岸"提质行动的持续深入推进，加快实现"水系畅活、水质达标、水岸整洁、水景优美"的系统性区域治水目标。要务实举措，与全市区域治水工作加快衔接、加快融入，建立健全强有力的工作推进机制，编制完善更系统、更科学、更精准的区域治水方案，为下一步推进清水绿岸"三年提升"行动,提升区域治水的能力水平提供有力支撑,确保"十四五"期间全面实现"清水绿岸、美丽如东"的既定目标。

至此,如东全面融入区域治水畅流活水方阵,全县所有河道全部纳入区域治水的版图。

如东县洋口外闸枢纽工程位于栟茶运河入海口,是江苏省淮河流域一条重要的入海口门,担负着南通三县市海安、如皋、如东及泰州、盐城等部分地区200多万亩区域排涝降渍、保水蓄水等任务。

2002年1月,洋口外闸枢纽工程开工建设。2003年5月,通过南通市水利局组织的水下验收,同年7月2日开闸放水。适逢上游地区普降暴雨,内河水位从2.4米陡涨至3.27米,发现过闸水流异常,消力池外侧出现二次水跃,西侧护坡塌方,经水下探测,闸下游消力池外海漫被冲刷破坏,刷深至-9.0米,消力池底板被掏空。险情发生后,省水利厅高度重视,派出相关专家与参建各方系统分析,认为出现此情况是由于多种原因所造成的。经会商,决定采取消力池灌浆,海漫沉排抛石处理,同时要求控制运行。2003年汛后,实施断航处理加固,自2004年汛期运行以来,该闸过闸流量一直控制在350立方米/秒左右,在汛期中难以发挥最佳效益。暴雨后,群众反映强烈,多次打电话给省、市防汛指挥部,要求全部开启闸门泄洪。

省、市防汛指挥部高度重视,会同如东县认真研究,制定处理方案予以实施,确保该闸效益的正常发挥。市水利局转发了《省水利厅关于抓紧处置水利工程险工隐患的通知》，明确指出了"如东县洋口外闸下游消能不足、消力池损坏、工程安全无法保证，工程效益难以发挥"的问题，并要求"对去年水毁工程和今年汛前检查发现的问题，要认真梳理，分析原因，研究对策，制订计划，根据轻重缓急，加大投入，尽快消险。对暂时不能处理的险工隐患，要制定切实可行、有针对性、可操作的专门措施并完善应急抢险预案。"

2020年，如东县将洋口外闸除险加固改造工程列为县年度重大项目投资计划。2020年10月25日，洋口外闸枢纽除险加固改造工程正式开工。

在工程推进中，如东县一是强化组织领导。成立了由县长陈慧宇挂帅、县委常委徐东俊负责实施的洋口外闸枢纽加固改造建设指挥部，加强工作统筹协调，集中人力、物力和财力，形成工作整体推进合力。二是强化行政推动。省市主管部门高度重视洋口外闸建设，相关领导多次到如东县视察指导工作。县委、县政府将洋口外闸工程列入政府为民办实事项目进行重点部署、重点督办、重点考核。县主要领导、分管领导亲自协调、一线督办推动工作落实。三是强化资金保障。洋口外闸枢纽加固改造工程投资概算为9635.52万元。如东县在财力较紧的情况下，分两个年度统筹安排财政预算专项资金8600万元用于工程建设。南通市给予了资金大力支持，以奖代补形式补助资金1000万元，为推进洋口外闸枢纽加固改造工程提供了有力的资金保障。

在洋口外闸枢纽加固改造工程进行中，南通市水利局副局长吴海军挂职如东县委常委。这个懂业务懂技术的水利人，理所当然地被推到一线。从资金划拨到施工设计，从方案论证到改造过程，他都身处其中，经常到工地查进度，查质量，查安全，严格把关。

在省市县各级领导和专家的关心支持下，洋口外闸加固改造工程按序保质顺利推进。2021年5月28日，如东县人民政府组织了洋口外闸枢纽除险加固改造工程水下工程阶段验收。2021年6月20日，洋口外闸恢复通航。

这个近群众关注了近20年的焦点，也是各级政府议事的痛点，如今终于画上了完满的句号。

第八章

治水精神

高质发展的精神动力

碧水如画

争先豪情，决战过万亿

时间：2020 年

地点：各部门单位

提要：市委书记徐惠民强调，决战"过万亿"，开拓新境界，彰显我们以什么样的担当扛起责任使命，体现我们以什么样的本领实现化危为机，反映我们以什么样的答卷回应群众期待，展示我们以什么样的姿态迈进"十四五"。看起来感动、说起来激动，事后就得看行动。直属机关纷纷排定学习计划，组织党员干部深入中心城区河道、闸所等一线实地参观，边看、边学、边议、边做。

"争先豪情、克难勇气、科学态度、创新思维、实干作风"的南通治水精神，既是新时代南通高质量发展创新实践的科学总结，又是南通追赶超越、融入苏南的精神动力。它凝聚了新时代治水人的汗水和智慧，成为南通这座城的一个文化符号。

从 2020 年 6 月以来，一场"弘扬新时代南通治水精神"主题实践活动，在南通市级机关如火如荼地展开。78 个直属党组织先后组织党员干部，围绕"实地看、集中议、深入查、互相比"活动，掀起了新一轮比学赶超的热潮。

——7 月 3 日，市级机关工委组织直属党组织书记 100 多人，参观了通吕运河水利枢纽工程、南通城区水利工程智慧管控系统、灰堆坝改造工程等治水工程，感受治水轨迹，领略治水成果，体会新时代南通治水精神的形成过程，进行学习再动员。

——组织 14 个直属党支部、100 多名党员开展"感悟治水精神，

清淤工地

添力绿润通农"主题活动，市农业农村局以治水精神中的"南通智慧""南通速度"，激发党员干部的创业激情。

——以扎实严谨作风，守护司法公平公正，锻造"阳光天平"党建服务品牌。市中院在组织实地参观后，干警们纷纷表示，要从南通治水精神中汲取养分，把敢于啃"硬骨头"、甘当"治水匠"的精神，落实在行动上。"新时代南通治水精神的时代内涵和重要的实践意义是什么""弘扬治水精神需要做什么""运用治水精神推动经济社会高质量发展应该怎么干"，围绕这些敏感话题，采取"三会一课"、交流研讨、主题党日等形式开展活动，累计开展"集中议"400余次，形式多样、生动活泼。

——结合做优审计项目、做好后勤服务保障，市审计局党员干部交流学习心得，会上交流19篇，书面交流72篇，不断加深对治水精神的理解。设计主题活动清单，将各环节进行细分，全局干部人人提交清单，紧扣目标，攻坚克难，形成勇于担当、奋勇争先的浓厚氛围。

——知行合一。市政园林局统筹谋划，精心部署，组织参观学习的同时，撰写心得体会，形成问题清单，制订对标计划，推动学深悟透。

——以史为鉴知兴替，以史正人明得失，以史化风浊清扬。市委党史办公室全体党员干部实地参观了通吕运河水利枢纽工程、南通城区水利工程智慧管控系统等治水工程，召开了座谈会，纷纷表示要从南通治水精神中汲取养分，把敢于啃"硬骨头"、甘当"治水匠"的精神，落实在行动上。开展编印南通百年党史简明读本《百年历程与辉煌》，摄制南通百年党史专题片《中国共产党在南通》，编制《南通党史百年百事》和短视频，举办百年党史系列展览，选派精干力量开展百年党史系列宣讲，百年百幅红色手撕画艺术展、开展党史学习教育社会专题服务活动等一系列活动。全体党员干部立志发扬南通治水精神，不断创造工作高质量发展新业绩，以更加饱满的姿态、更加优异的成绩庆贺中国共产党成立 100 周年。

实践催生精神，精神引领实践。主题实践活动紧紧围绕全方位融入苏南、全方位接轨上海、全方位推进高质量发展"三个全方位"，不断汲取智慧勇气和力量，以"咬定青山不放松"的韧劲、"不破楼兰终不还"的拼劲、"踏遍坎坷成大道"的闯劲，为决战"过万亿"走在前，为夺取疫情防控和经济社会发展"双胜利"作表率。

"能争第一不争第一，第二第三也做不成"，已成为一城上下的共识。

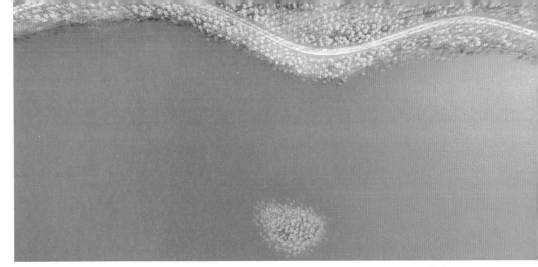

吊坠

克难勇气，发力大项目

时间：2020 年

地点：各部门单位

提要：主题活动紧扣"大项目突破年"活动，把大项目建设进展，作为检验主题教育成效的主要标志。抓发展就要抓项目，抓项目就是抓发展。要在抓大项目、重大项目上有突破，就要像治水人那样，发扬"克难勇气"、迎难而上。

——全程助推重大项目选址海堤调整。中天绿色精品钢项目工程是省委、省政府落实国家"一带一路"倡议和"推动江苏长江经济带高质量发展走在全国前列"新要求的重要项目，也是省委省政府 2020

年确定的 220 个重大项目之一。

中天绿色精品钢项目（通州湾海门港片区）工程选址已基本确定，将对选址场平范围内的主海堤进行调整，以满足项目生产工艺和生产流程要求。市水利局积极行动，主动靠前服务项目审批，助力全市重点工程、重大项目尽快落地。一是推行"管家式"服务，安排专人专岗，以"一对一"管家服务对重大工程、重点项目水行政许可办理事项、办理流程、办事材料提交等进行全方位解答和咨询导办。二是提供"保姆式"代办，工作人员全程跟踪项目办理，从项目方案比选到提交行政许可申报材料等前期工作，借助图表式流程逐项引导企业做好项目报批工作。三是强化"联络员式"沟通，当好企业和上级相关部门的桥梁和纽带，精准协调解决项目推进中的困难和问题。目前，《海门市东灶港东区（东灶港闸至龙桥段）海堤调整评价报告》已通过省厅审批。

——创新重大项目推进工作机制，推行重大项目"一项一策"精准服务，"马上就办"即时服务，市发改委建立健全领导挂钩、挂图作战、协调会办、考核评估等推进机制，推动项目建设取得更加丰硕成果，有效筑牢稳增长的"压舱石"。把项目建设作为扩大视野的主阵地，市工业和信息化局设置"2 + 3"项目小组，选派党员干部跟踪推进重点项目建设，广泛动员党员干部立足岗位争先锋，建功立业做表率，有力推动了中天精品钢千亿级项目如期开工，招商局豪华邮轮制造、恒科新材料等一批重特大项目顺利落户，为高质量发展赋能增效。

——"一切为了大项目，一切服从服务大项目"。市自然资源和规划局全力聚焦要素高效配置、空间高效统筹、立足激活存量、力争增量，累计盘活存量建设用海近 4 万亩，为"大通州湾"等重大战略项目建设提供了空间保障。

"红马甲"的身影

创新思维，激发内动力

时间：2020 年

地点：各局机关

提要：思维一新天地宽，南通治水之所以在较短的时间内，取得明显的成效，与思维创新密不可分。

——市级机关工委把南通治水精神汇编成册，印发至各直属党组织，引领创新实践。

——以一流的审判业绩，争做服务保障"过万亿""双胜利"的先锋。市中院对标对表落实治水精神，不断深化智慧法院建设，自主研发支云庭审系统，累计开展在线诉讼活动超过一万场次。

——用科学态度探索推进市区联动、资金统筹、一体化推进的园区基础设施建设新模式，市财政局为园区综合开发赋能助力。

以"智慧城管"助力文明创建，市城管局不断创新思维，建立了"互联网+"监管模式，打造"云视界"系统，织密城市管理监控"一张网"。

——以党建融合引领金融跨江融合，市地方金融监管局建立金融系统区域化"金融服务党建联盟"，通过共用共建共创"融金惠通"服务品牌，助力中小微企业融资、三农发展。

醉美夜色

科学态度，练就硬本领

时间：2020 年

地点：各部门单位

提要：突出问题导向，发扬自我革命精神，以自己查、群众提、相互帮等方式，深入查摆问题和不足，推动整改落实。活动开展以来，单位、个人共查摆问题 8638 个，整改率超八成。

——聚焦"基础打得更牢、短板补得更实、先锋当得更好"目标定位，市资源规划局所属 16 个支部持续开展"短板五问"大讨论，领导班子及成员制订问题清单 40 多项，全局及个人制订整改措施 360 多条，扎实有效推进整改。

——在自查自纠的基础上，积极引入第三方监管力量，市医保局组织开展"医保啄木鸟"社会评价活动，持续推进医疗保障公共服务专项治理，加强系统行风建设。

——聚焦基层党组织和干部队伍建设，市级机关工委全面推行"第一书记"制度，以"五带头五提升"推动所在支部达到"支部建设强、服务大局优"目标，锤炼攻坚突破新本领。举办机关直属党组织书记、副书记、基层支部书记各类培训班，围绕决战"过万亿"、夺取"双胜利"，苦练硬本领。

——创新实施政法队伍建设"六强工程"，市政法委全系统开展"跟班先进找差距、攒足发展精气神"活动，出台实施《政治督察实施办法》，建立从严管警治警"六联"协调机制，全面加强政法队伍建设，为服务项目、服务基层、服务民生提供高效保证。

——聚焦学习型、创新型、研究型、服务型"四型"机关建设，市发改委积极创新学习载体，打造"发改思享汇"学习交流平台，通过"请进来、走出去、集中议、学先进"等方式，有针对性地加强党员干部的思想淬炼、政治历练、实践锻炼，不断开创业务工作新局面。

——把学习治水精神与开展岗位练兵、提升能力有机结合，市台办紧扣"新时代、新使命、新作为"展开讨论，党员干部从不同角度畅谈把科学态度贯穿到实际工作中去，不断提升能力素质，立足岗位争贡献。

南通植物园

实干作风，推进大发展

时间：2019 年—2021 年

地点：南通

提要：对标治水人"支部建在一线，党旗插在河边，论文写在水网上"，围绕推进"六稳、六保"工作，聚焦民生领域重点问题。全市不断巩固"机关作风整治月"成效，深入开展第二轮机关融合党建服务品牌创建三年行动，抓好社会评价意见整改落实，及时有效回应群众关切问题，维护人民群众利益、增进民生福祉。

——绿色发展没有局外人，都是主人翁。市税务局全力践行绿色发展税制安排，跑出了税收助力绿色环保行动的"加速度"。"税收助力绿色发展""环境保护税协作共治平台""环保税征管行业指引"等创新做法获全省试点推广。越来越多的企业感受到绿色税收护生态、促转型的作用与成效。

——南通地处长江入海口，港口码头众多、水运发达。如如皋市富港水处理有限公司，全年处理工业、生活污水量近 1000 万吨，对保护长江水质发挥积极作用。"随着污染因子的下降，我们一年可节约环保税 140 万元。我们又建成一级提标 A 工程，总投入约 4000 万元，税费减免让我们有了更充裕的资金投资生产，倒逼设备更新，为保护长江、服务长江经济带发展贡献微薄力量。"

——推广绿色税制，全系统利用 102 个窗口滚动宣传"税收与绿色发展"，在税收征管、环保协同方面开展志愿服务 1380 余人次，全力配合污染防治攻坚战。开展环保税等线上直播活动，制作环保微视频在税务公众号推广。

——"税收优惠，优的是税费，惠的是民生，利的是企业。"说起减税降费，爱思开百朗德生物科技财务负责人不由得竖起大拇指："是各项税收优惠政策增加了我们着力环保整治的经济底气。仅 2020 年上半年，我们就享受了 248.6 万元的增值税留抵退税，83 万元的社保费减免和 8 万元的工会经费返还，预计后面还有 120 万元左右的高新企业研发费用加计扣除。"真金白银实打实落袋，让企业更加坚定地选择环保，选择绿色发展。

——走进江苏文凤化纤集团有限公司，微型消防站、污水管网处理站、烟雾油气抽吸装置映入眼帘。去年受新冠肺炎疫情影响，原材料供应链紧张、流动资金不足，这些问题一度困扰企业。"税务部门迅速派出专家团队，主动为我们开展'点对点'精准辅导，简化审核流程、缩短退税时限，帮助企业快速到账 2000 万元的增值税留抵退税账款。"

在享受税收优惠政策的驱动下，企业实现了生产设备的转型升级，去年更是研发出具备抗菌、比表面积大的功能性锦纶超细旦纤维，在防护服透气层及口罩内层被广泛应用。

——作为做好"六稳""六保"工作的主要内容，市总工会充分利用大数据、信息化手段，认真落实小微企业工会经费返还政策，做到应返尽返、应返快返，切实减轻小微企业负担，助力企业健康发展。截至目前，已全额返还市区小微企业工会经费 2900 余万元，惠及 15000 余家企业。

——百舸争流，奋楫者先。基层单位纷纷立足本职特征、岗位职责和工作实际，比坚持新发展理念好不好，比争先创优目标定位高不高，比开拓创新、勇争第一能不能，比争先进位、追赶超越行不行。在新时代南通治水精神领航下，勇争第一、勇创唯一的劲头蔚然成风。市委组织部通过"四练四争"主题活动，岗位大练兵，掀起本系统比学赶超热潮。

——将弘扬治水精神与推动南通交通"争第一、争创新、争好评"的争先精神结合起来，市交通运输局围绕打造高能级交通枢纽的总体目标，以争创全省项目推进最快速度姿态，推动交通各项重点项目建设快速突破。

第九章

奋力打造

全域治水的南通典范

运河夜色

构建江海平原河网水系的新格局

时间：2021 年

地点：市水利局

提要：中心城区 66 平方公里的治水实践，已经成为科学治水、高效治水、务实治水的标杆。站在"十四五"开局之年，面对新时代、新任务、新要求，一张新的治水蓝图，市水利局局长思考得最多的是：如何百尺竿头、更进一步拓宽治水范围，加大治理力度，提升管理效能，构建江海平原河网水系的新格局。

以问题为导向，措施紧跟上。

针对南通水动力不足、水资源利用效率低的病疾，深入实施区域

城区水利工程智慧管控平台

治水工程，筑牢底板、补齐短板、锻造长板，全面推动水利治理体系和治理能力现代化走在全省前列。

坚持节水优先，深入实施节水行动。紧紧围绕增效、减排、开源、降损等方面，创新开展节水三大工程。即：1）农业高效节水工程。实施大中型灌区改造提升，大力推广喷灌、微灌、管道输水等高效节水灌溉技术，坚持把高效节水灌溉作为发展现代农业的重要举措。2）工业节水减排工程。推进节水减排示范工程建设，采取推广、限制、淘汰、禁止等措施，大力应用节水新技术、新工艺、新设备，实施循环用水、一水多用、非常规水利用工程。结合海绵城市建设，将雨水收集、中水回用等作为推动社会节水主攻方向，在专项规划、激励政策、工程建设等方面加大探索与投入。3）达标创建覆盖工程。做好国家节水型城市复核迎检，稳步有序开展节水载体建设，力争达到市级单位、学校以及企业全覆盖。

贯彻"四化"治水理念，实施全域系统治理。突破"就河治河"的惯性思维，找准治水之本，谋实治污之策，总结推广中心城区治水经验，深入贯彻系统化思维、片区化治理、精准化调度、长效化管护新时期南通"四化"治水新理念，充分利用我市滨江临海、水系发达、河网密布的优势，在完善现有水利工程系统的基础上，加快实施全市域治水工程。科学划分水利分区，合理布设控导工程，构建纲网清晰、高低分开、引排有序的水系新格局。用好智慧管控、数字化赋能，全面提升水资源、水安全、水生态、水环境保障能力，实现河网水系互连互通，水体有序流动，持续提升河道面貌和水环境质量，奋力打造全域治水系统典范。

建立刚性约束制度，夯实高质量发展基础。坚持以水定城、以水定地、以水定人、以水定产，把水资源、水生态、水环境作为刚性约束，加快建立水资源刚性约束指标体系，实施最严格的水资源管理制度，深入实施水资源总量和效率双控制度，倒逼发展规模、发展结构、发展布局优化，推动经济社会发展与水资源承载能力相适应。确定全市重要河道生态流量（水位），推进重要骨干河道水量分配，划定地下水水量水位管控指标。严格新增取用水监管，建立健全取用水管理长效机制，规范取水许可管理，严格水资源费征收管理。全面应用取水许可电子证照，推进水

城区水利工程智慧管控系统

资源管理信息化和取用水户规范化管理全覆盖。

纵深推进河长制，建设生态美丽幸福河。用好河长制这把金钥匙，压实各级河长管河治水责任，坚持上下联动、条块结合、区域综合治理；不断理清治水思路，持续深化"河长制+"工作模式，通过搭平台、建机制、深发动，凝聚社会力量，共建水韵南通、共守绿水乡愁。紧紧围绕建成人民群众满意的生态美丽幸福河湖，坚持山水林田湖草系统治理、全域治理，大力推进水生态突出问题治理和水资源保护，努力开创水利高质量发展新局面。

白龙湖畔

开创现代水利高质量发展新局面

时间：2021 年 3 月 18 日

地点：市行政中心

提要：南通市政府办公室印发《关于推进全市区域治水畅流活水的指导意见》。

《意见》围绕区域治水畅流活水这一主题，进一步明确指导思想，规范基本原则，确定了 2021 年的目标任务，并就重点实施"五大工程"，提出意见。

一、目标任务

全市区域治水畅流活水体系基本形成，农村黑臭河道基本消除，生态美丽幸福河湖建设稳步推进。全面完成启东试点和一区试运行。以县（市、区）为单位编制完成本地区域治水方案，因地制宜推进1~2个先行试点区域、总面积不小于200平方公里。排定年度水系连通节点工程清单和河道疏浚整治、生态美丽河湖建设名录并组织实施。

二、五大工程

（一）加快推进沿江沿海引排水工程。

补齐水利基础设施短板，提高区域防洪排涝标准，扩大引水驱动、排水拉动能力。充分挖掘引江潜能，开展通吕运河水利枢纽、九圩港水利枢纽、焦港闸站等沿江闸站群联合调度研究，自流引江与动力提水相结合，保障水源供给，满足各地用水需求。2021年完成海港引河南闸站工程建设，推进通启运河、新江海河、如海运河等沿江提水泵站前期研究。进一步强化沿江沿海排水能力，按照规划防洪排涝标准，加固改造洋口外闸、灵甸新闸等沿江、沿海病险涵闸，确保工程正常运行。提升中心城区强排能力，推进东港闸站、姚港闸站、团结河闸站等沿江强排泵站建设。

（二）全面推进水系连通工程。

闸站

沿通吕通启片、沿江圩区、三余低洼区等高低水系控制线，新建、改建、扩建一批高低水系控制节点工程，加快组织实施卫东闸、三余南闸等老旧建筑物的加固改造。畅通河网水系，全面疏通堵点、打通断点，改善水体流动条件，提高区域引排调蓄能力。对河道淤积阻塞、水系不通不畅等问题进行全面排查梳理，进一步加大河道疏浚整治、拆坝建桥工作力度，定期轮浚，应疏尽疏，全面消除盲肠河、断头河、竹节河。对水系不通的河段，具备条件的尽可能挖明河，不具备开挖条件的，通过管涵、拓扑导流等工程性措施实现连通。推进骨干河道治理，实施如泰运河、九洋河、亭石河等中小河流治理项目，加快推进中央河、通甲河等河道贯通工程，保障河道过水断面，提高区域引排能力。

（三）统筹实施控导工程。

科学划分水利分区，合理布设控导工程，构建纲网清晰、高低分开、引排有序的水系新格局。在片区边界建设必要的控导工程，向各片区内部有序分水、定量配水，营造水势，归顺水流，实现各片区全面活水、持续活水、按需活水、两利活水、高效活水、连片活水。优化控导工程设计，因地制宜推广启东、通州等地建设简易控导工程的做法，倡导创新创造，力求结构巧、投资少、效果好、易维护。在城市建成区结合河道景观提升，采取生态景观堰、水上汀步等形式，提高控导工程观赏性，为市民提供亲水休闲区。

（四）系统打造智慧管控精准调度工程。

充分运用物联网、云计算、大数据等现代信息技术，建设统一调度、分级管理的水利工程智慧管控精准调度平台，建立防洪排涝优先，畅流活水常态化的运行调度机制。加强水利工程前端感知体系建设，实现水情、雨情、工情、水质等信息的全面感知、动态监测、统一汇集、整合共享及分析计算，为精准调度提供科学依据。对涵闸泵站进行自动化提升改造，构建智慧管控系统，实现涵闸泵站集中远程控制，形成"信息全面掌握、运行实时监控、维护全程跟踪、调度智能优化"的水利工程调度决策指挥一体化管理体系，推动水利治理体系和治理能力现代化。

（五）建设生态美丽幸福河湖工程。

组织实施生态修复，加快生态美丽幸福河湖建设。重点推进"五横五纵"（通吕运河、通启运河、如泰运河、遥望港、栟茶运河，焦港、如海运河、通扬运河、九圩港、新江海河）生态廊道建设。结合美丽宜居、特色田园乡村建设、乡村振兴示范村、先进村培育，2021年完成不少于1200条镇村生态美丽河道建设任务。建设城市河道公园，全力营造可漫步、可穿行、有活力的魅力水岸空间。发挥河长制制度优势，压实各级河长管河治水责任，做到治一片成一片，成一片管一片，切实巩固治水成效。

《意见》要求各县（市、区）加强组织领导、强化要素保障、广泛宣传发动、严格督查考核，确保区域治水畅流活水工作的高效推进。

玉盘碧荷

开启生态美丽幸福河建设新征程

时间：2021 年 6 月 15 日

地点：北京

提要：中国国际发展知识中心第四期交流对话沙龙以中国治理创新的地方实践："河（湖）长制"为主题。江苏省南通市河长制工作办公室副主任、水利局局长吴晓春做了《用河长制"金钥匙"开启江河幸福之门》主题发言。

"作为南通河湖治理保护的'勤务员'，我参与并见证了 2017 年以来，南通用河长制的'金钥匙'，开启生态美丽幸福河建设之门的壮阔历程"，吴晓春说道。

一、河长出征 江豚回家

2016年，总书记指出，"长江病了"，病得还不轻。去年11月12日，总书记在南通点赞长江的"沧桑巨变"。长江的巨变，河长制是关键。

中国国际发展知识中心第四期交流对话沙龙，南通市水利局局长吴晓春发言

前不久，有一段江豚逐浪的视频，在我们南通人的朋友圈刷屏。有一位在江边住了52年的赵荣娟阿姨，每次看到我都会念叨，几十年不见的江豚，终于又回来了！是的，水清了，岸绿了，被称作"水中熊猫"的江豚真的回来了。探头、喷水、摆尾，一群江豚摆出各种俏皮动作。去年，我们观测到江豚家族3次打卡南通这片长江水域。

赵荣娟23岁嫁到南通的五山地区，那时江风海韵，时现江豚。此后，这里逐渐被码头、工厂占据，扬尘、污水、噪音越来越多，江豚自然就越来越少。赵阿姨回忆说："傍晚晾在外面的衣服，第二天一早起来就变黄了。"如今，漫步五山地区7千米的江岸，一边是鸟语花香的森林，一边是波澜壮阔的江面，犹如行走在画中。赵阿姨最享受的事情，就是每天清晨和老伴儿在森林公园慢跑。她说，"没看过过去的五山，就不晓得今天的五山有多美呢！"

江美岸美，不是天上掉下来的。

这应该归功于河长制的施行。我们南通建立市、县、镇、村四级河长机制。一把手领导挂帅，一系列措施跟进。沿江203家高耗能、高污染企业全部"关停并转迁"，数万平方米的违章建筑全部拆除，居民小区重新规划建设，长江岸线上93个利用不合理的项目全部清理整治。一江活水进城，满城清水归江。赵阿姨的幸福感看得见、摸得着。

二、河长连心 接续护河

在我们南通，党政领导担任河长，他们是示范引导员，监督观察员，也是宣传解说员。常言道，"一生二、二生三、三生万物"。我们的河长制，就是专业带民间、年长带年幼，一大批民间治水达人纷纷加入，党员河长、企业家河长、"银发"河长应运而生。

我结识的海门区退休老人张建伟，是一位有着24年党龄的河长，他自称是河道的义务保洁员。每天早晚，他都会坚持打捞圩角河中的垃圾。4年时间，从一个人、一副捞网、一条河道开始，他吸引了上千人加入爱河护河的行列。

有一次，我问他，为啥退休后来护河？

他说，圩角河就是我的乡愁。其实也不止我，一方水土养一方人呐，很多人的乡愁就是河。乡愁是我们对一方水土的记忆，我们常常把河流叫做"母亲河"，哪有不呵护自己的"母亲"啊！

2008年北京奥运火炬手陈进，是海安市大公镇的一位民间河长。有个细节，特别令我感动：每次他上场比赛，都会全程穿着印有"海安河长"字样的马甲，并利用赛前赛后时间，向其他选手和观众介绍治河护河体验。他说，参加比赛的同时，我希望能让全世界的人都看看我们中国农民、海安民间河长的精神风貌。

这些年来，我们吸引了22256位民间志愿者的加入，医生、教师、企业家等等，他们来自各行各业，共同书写着爱河护河的故事。

南通的四级河长，市县级河长重推动，乡镇级河长重落实，村居级河长重巡查，星罗棋布，守护江海，全市所有河道河长全链接、全覆盖。

濠河是我们南通的护城河，四级河长成为濠河的"护河人"。每次巡河，一路走下来差不多两千米，这样的巡河路，崇川区和平桥街道濠阳社区党委书记张军已经走了两年，每周走两次。张军说，他巡查的重点就是看看19个排口有没有污水流出来。只要发现异常，就上报相关部门。

在南通，工信、生态环境、住建、市政、水利、农业农村等部门专门组成联合工作组，在全市重点河段、重要支流增设259个监测断面，逐月调度水质结果、变化趋势，强化入河污染源管控减排，推动河道水质改善。

三、水岸联动 江河壮美

我们认为，问题在水里，根子在岸上。治理江河就要水岸联动，动就要动真格。

通州区川姜镇，是世界家纺产业集中区。这里企业众多、人员集聚，但垃圾收集和污水处理设施不健全，导致周边河道污染严重，群众意见大，治理难度高。

陈俊是川姜镇双桥村片区废旧资源回收从业者。占地40多亩的货场，堆放着废塑料和旧金属200多吨，影响周边环境。我们的基层河长数次登门话家常、聊发展，最终，陈俊夫妻俩率先签订清理承诺书并连夜加班清运，为环境治理带了个好头。垃圾"净"了，场地"平"了，沟塘"畅"了，如今走进川姜镇双桥村和三合口村，见不到乱堆的垃圾了，看不到乱排的污水了。岸上的功夫下到位，水里的症结就迎刃而解了。

南通水域面积 778 平方千米，江海堤防 529 千米，12 条一级河道、111 条二级河道、10 万多条镇村级以下河道，河道总长超过 2.4 万千米。河道问题再复杂，我们总有办法破解。我们通过拆、封、建、转、清、活、美、管等一系列措施，到去年年底，全市共整治违法建设 1451 处，消除黑臭河道 3070 条，打造生态河道 2810 条。

一句话，纵有九九八十一难，我们也要使出三十六计、拿出七十二变。守好岸上关，河道少污染。

南通版的河长制，通过"江河联治、水岸共治、全域防治"得到落实，通过"系统化思维、片区化治理、精准化调度、长效化管护"得到升华。"遥看一色海天处，正是轻舟破浪时！"我们将用好河长制这把金钥匙，以现有工程为基础、连通控导为手段、精准调度为核心，营造水势，归顺水流，构建水随人意、人水和谐的新格局。

南通，是一个让人来了不想走，走了还在梦中留的江海水乡。我由衷期待并诚意邀请在座每一位嘉宾，来张謇故里、近代新城的南通，走一走，看一看。

南通首座生态河道公园建成

2021 年 7 月 12 日傍晚，南通市区铺港河河道公园，步道蜿蜒、树木葱茏。濠花园散步的居民，不时停下来，互相打招呼：看了今天的报纸吗？

当天的《南通日报》刊登了龚秋瑾、曹慧蓉《家门口逛公园 尽享水生态福利》报道：

为实现"水陆统筹、水岸联动、水绿交融、水田交错"的目标，2020 年南通首次提出"河道公园"的概念：城市河道不仅要满足防洪排涝、自然活水等功能，还应综合考虑河道人文、生态、城市空间等功能，以营造更为丰富的水空间，计划通过三年时间实现区域内所有河道公园化改造，实现河道功能的叠加和优化。

铺港河河道公园是南通首座集防洪排涝、生态景观、休闲娱乐于一体的河道公园，项目建设范围：南起世信路，北至世康路，全长约为800米。项目总投资约650万元，景观提升面积约为8000平方米左右，绿化提升面积约为13500平方米左右。

施工主要内容是对沿河道两侧现状绿地进行整体公园式的提升改造，蓝绿交织，通过连续的彩虹慢行系统贯通公园全线，设置水上栈桥、滨水骑行道、亲水栈道等，还

配备了足够的照明和必要的监控设备，致力于营造一个开放的空间，让周围的居民能够参与进来。2021 年 6 月竣工后，这里便成为了周边居民休闲打卡的好去处。

市城市河道建设管理中心副站长邱旭东介绍：除了铺港河河道公园外，目前，姚港河、八一横河、运料河等均已按"共享型河道公园"的标准打造。

日出如泰运河

第十章

媒体聚焦

南通治水的巨大蝶变

市北仙境

中央媒体

时间：2019 年—2021 年

地点：中央省市媒体

提要：在南通治水的全过程中，媒体的造势，以及对新时代治水精神的阐释与宣传，尤其是中央媒体、省级媒体的监督批评与鼓励肯定，在提升公众参与意识，推进工作顺利进展和政府集思广益正确决策等方面都起到了积极独特的作用。

《人民日报》

《绿色铺就小康底色》

南通市的五山（狼山、军山、剑山、黄泥山、马鞍山）及沿江地区是"面向长江、鸟语花香"的城市客厅，几年前却"滨江不见江、近水不亲水"。

南通南部五山临江而立，沿江岸线约 14 公里。但长期以来，临港产业挤压着城市空间，狭小的腹地又限制了港口发展，硫磺场等也污染了长江岸线、影响了周边居民的生活环境。

南通市发改委副主任周雪莹介绍，2017 年初，南通统筹推进"产业退、港口移、城市进、生态保"，以生态修复保护倒逼产业升级、城市转型。

"政府主导推动下，下游新建现代化集装箱码头，狼山港整体搬迁。"南通港口集团有限公司董事长施渠平介绍，全市港口进行了一体化整合，老港口集团从主城区一个作业区，发展成拥有三大江港作业区、四大海港作业区的"南通港集团"，从江港时代迈入海港时代。

以此为带动，南通南部五山及沿江地区关停"散乱污"企业 203 家，腾出并修复岸线 5.5 公里。船舶海工、智能装备、新一代信息技术等产业集群加速形成；生态修复腾退的土地，基本都转为生活生态用地，提升了城市生活品质。

"经济发展了，环境变美了，这应该就是理想的小康生活！"长江边住了 74 年的卞如玉大爷说。

记者**汪晓东 姚雪青 崔璨 王伟健**

——摘自《人民日报》2020年7月6日头版

人民日报

RENMIN RIBAO

人民网网址：http://www.people.com.cn

2020年7月

6

星期一

庚子年五月十六

人民日报社出版

国内统一连续出版物号

CN 11-0065

代号1-1

第26294期

今日20版

就中加建交60周年

习近平同加纳总统阿库福—阿多互致贺电

新华社北京7月5日电 国家主席习近平7月5日同加纳总统阿库福—阿多互致贺电，庆祝两国建交60周年。

习近平在贺电中指出，中加建交60年来，两国传统友谊历久弥坚，各方面合作成果丰硕。近年来，中加关系在双方共同努力下保持良好发展势头，为两国人民带来实实在在利益。新冠肺炎疫情发生以来，中方始终坚持将加纳的疫情防控放在首位，采取最严格的防控措施。

走向我们的小康生活

江苏以修复长江生态环境为牵引，统筹做好生态保护和经济发展

绿色铺就小康底色

本报记者 汪晓东 姚雪青 崔 璨 王伟健

生态修复
**厂房变绿廊
包袱成财富**

贴近百姓生活 深入田间地头

——各地新时代文明实践中心创新党的理论宣传纪实

手段更加丰富

——"形式新颖，内容丰富，大伙都爱听"

表达更接地气

——"多点方言土话，多点百姓身边事"

本报记者

2019年

我国数字经济增加值规模去年达35.8万亿元

产业强支撑 发展新引擎

本报记者 王政 韩鑫

新数据 新看点

上半年

全国铁路固定资产投资3258亿元

本报北京7月5日电

前五月

规上电子信息制造业营收利润双增长

本报北京7月6日电

经济新方位	组织有力 行动迅速	一线调查·互联网观察
创新驱动 数字化转型育新机	长江流域迎战防汛关键期	服务智能化 便捷又高效
▶第二版	▶第四版	▶第六版
解码·高考2020	山西临汾尧都区禁煤替代 推动煤尘治理	芯片、算法、操作系统、传感器 雷达等持续优化
你冲刺梦想 我接力守护	源头治污保蓝天	智能驾驶"开"到哪儿了
▶第十二版	▶第十四版	▶第十九版

导读

《人民日报》2020年7月6日头版

媒体聚焦

262

评论《让"锈带"成为"秀带"》

生态环境的成色是全面建成小康社会的底色，生态环境的问题是全面建成小康社会的突出短板，生态环境的获得感是全面建成小康社会，得到人民认可的重要指标。

"你问什么是小康生活？这就是我理想的小康生活！"家在景中住，江苏省南通市临江小区的居民卞玉如热情地招呼记者参观自家"江景房"。从阳台向外看，长江岸线之美尽收眼底：南边正对着南通狼山国家森林公园，郁郁葱葱的绿色进入视线；朝西边看是奔涌不息的长江，一艘货轮刚好经过；打开窗户，新鲜空气夹着梅雨季节独有的湿润感扑面而来。

然而曾有一段时间，长江岸边的生态环境并不尽如人意。临江临海的南通，港口是发展引擎，造船、化工等产业沿江聚集，奠定了经济强市地位。但由于历史原因，沿江地区一度出现了资源多头分割管理、质态不优，港口产业单一、效能偏低，散货码头设施老旧、生产工艺落后、能耗污染大等严峻问题，港城结合地带成为脏乱差的集中区域。"滨江不见江、近水不亲水"，令当地百姓较为不满。在长江边上生活了74年的卞大爷回忆，"虽然距离很近，但长江是看不见的，更别提感受它的美了。只有下大雨时江水倒灌，将门口的低洼地淹没，才能体会到我们住在长江边上"。

怎样回应百姓对良好生态环境的期待？发展与保护之间怎样平衡？绿色发展理念无疑是解开这两个问题的根本遵循。在4年前的推动长江经济带发展座谈会上，习近平总书记作出"把修复长江生态环境摆在压倒性位置"的重要指示，就"共抓大保护，不搞大开发"进行了一系列重要部署。把生态文明建设放在突出地位，坚定不移走生态优先、绿色发展的新路，为长江经济带跳出传统发展路径、破解生态环境保护困局锚定了航向。给子孙后代留下一条清洁美丽的万里长江，凝结着人民群众的热切期盼，也成为沿江省区市的发展共识。

推动经济转型、实现绿色发展，难免先要经历一番"猛药去疴，刮骨疗毒"，解开思想上的疙瘩，承受经济上的阵痛。2017年初，南通全面启动实施滨江地区生态修复保护工程，以南通港的整体搬迁、提档升级为突破口，引导沿江数百家"散乱污"企业有序退出、腾笼换鸟。虽然从经济上说淘汰许多产业极为"不舍得"，但对长江保护和城市生态提升而言，这些牺牲却"很值得"。3年来，沿江片区关停"散乱污"企业203家，修复腾出沿江岸线5.5公里，新增森林面积6平方公里。如今，南通群众在家门口的滨江公园溜达散步，细雨绵密、江风微润，绿道成荫、白鹭翩跹，过去满目疮痍的"锈带"已变成清新亮丽的"秀带"。住在江岸的百姓说，现在有一种"长江是我们的"的自豪感。

习近平总书记强调："小康全面不全面，生态环境质量是关键。"这一重要论断深刻阐明了生态环境与全面小康的关系：生态环境的成色是全面建成小康社会的底色，生态环境的问题是全面建成小康社会的突出短板，生态环境的获得感是全面建成小康社会得到人民认可的重要指标。就长江沿江城市而言，无论生态修复还是减污治污，都还需要继续付出长期而艰苦的努力，应有将修复长江生态环境摆在压倒性位置上的战略定力，应有补齐生态短板实现全面小康、向群众回馈生态红利的职责担当。

记者**姚雪青**

——摘自《人民日报》2020年7月6日五版

问渠那得清如许

265

R 评论员观察

"三支一扶",在基层播撒青春梦想

彭 飞

"三支一扶"计划是输送人才、培养人才的平台,也是年轻人放飞梦想的舞台。一批又一批高校毕业生发挥所学所长,让青春岁月华绽放在农村基层的土地上

随着"三支一扶"工作的持续开展,将会有更多胸怀梦想、勇于担当的年轻人奔赴脱贫攻坚战的主战场、扎根服务群众的第一线,在实践中经风雨、见世面、长才干,为全面建成小康社会贡献青春力量

R 人民时评

完善废旧家电回收处理体系

寇江泽

家政员、环卫工人、快递小哥等为城市服务了"永不可少的服务。这让小城市也需要有了"性价比高"的"安居房"

"宿舍型"公租房

R 治理者说

以基层治理创新满足群众所思所盼

王新红

R 现场评论·走向我们的小康生活③

生态环境的成色是全面建成小康社会的底色,生态环境的问题是全面建成小康社会的突出短板,生态环境的获得感是全面建成小康社会得到人民认可的重要指标

让『锈带』成为『秀带』

姚雪青

（作者为本报江苏分社记者）

R 中国道路中国梦

扶危解困彰显媒体责任

孙修会

（作者为山东省济南市广播电视台台长）

本版供图：李 斌 石 玲 何 娟

《人民日报》2020年7月6日五版

新华社

《江苏南通：水清岸美产业兴》

近年来，一场围绕生态保护和修复的绿色实践在江苏南通展开，黑臭水体变河畅水清，岸线腾退后还江于民，绿色产业蓬勃发展，群众的幸福感、获得感大大提升。

河畅水清

除濠河为 IV 类水外，其余河道普遍为劣 V 类水，黑臭水体遍布全城。2018 年，一份水质调查报告让南通人难以释怀。

从事治水工作 30 多年的赵瑞龙是南通特聘的专家，水质情况令他意外：城外滔滔长江，城内千年濠河，水系丰富的南通怎会一潭死水？"107 条黑臭河道，治理各自为政，缺少系统方案和有效推进机制是症结所在。"赵瑞龙了解到，中心城区存在大量断头河，治理陷入"九龙治水、就河治河"碎片化治理的困局。

病症确诊还需靶向治疗。南通为此确立了"系统化思维、片区化治理、精准化调度"治水新思路，从 2018 年开始，在濠河周边 45 平方公里、78 条河道范围内开展治水试点。此外，水利工程智慧管控系统也整合主城区 44 个涵闸泵站，实现统一调度、联动联调。

如今的文峰河畔花香阵阵，景观栈道修葺一新；濠东河水质清澈，岸边少儿嬉戏玩耍，老人散步健身。两年前，这两条还都是断头河，水体黑臭，杂草丛生。能有这番变化，一道 500 多米长且种满绿植的水中挡墙——拓扑导流墙功不可没，这一新技术让两个片区水系贯通，死水"活"了。

短短 8 个月，濠河周边 44 条断头河全部接通大水系，45 平方公里内水系畅活，全部达到 Ⅲ 类水标准。赵瑞龙没想到，自己的团队可以"带着问题进门，带着答案出门"。

经过两年的努力，南通中心城区 16 条城市黑臭水体全面消除，水过之处皆风景，成为系统治水最真实、最生动的写照。

岸绿景美

生在长江边，长在长江边，但对于这条母亲河，"90 后"樊芃芃的印象却很模糊，直到近几年，长江壮美的轮廓才渐渐清晰。

20 世纪八九十年代，南通主城区的长江岸线上，筑起围墙、拉起铁丝，老港区、旧厂区、破小区犬牙交错，隔断了人与大江的联系。虽是"江海之城"，南通人总有"滨江不见江，近水难亲水"的遗憾。

樊芃芃家住崇川区狼山镇街道，就在临江的五山脚下。五山地区是南通市区南部狼山、军山、剑山、黄泥山、马鞍山及周边长江岸线腹地的统称。曾经的五山互不联通，也没有滨江生态廊道。不仅如此，港口企业及临江产业众多，扬尘、污水、噪音等污染使生态容量日趋吃紧，"黄金岸线"一度成为"生态伤疤"。

"产业退、港口移、城市进、生态保"，2016 年以来，南通启动五山及沿江地区生态修复和保护工作，先后拆迁"散乱污"企业 203 家，退出港口货运功能，修复腾出沿江岸线 5.5 公里，新增森林面积 6 平方公里。

"把生产岸线打造成生态岸线，让城市后巷变成城市客厅。"南通市狼山旅游度假区管理办公室副主任邵文建说。

如今，临江五山已完全打通，修复的 14 平方公里土地，超过三分之二向市民免费开放。樊芃芃周末经常带着家人来到全新面貌的狼山国家森林公园，既可乘车游览滨江廊道，看江上碧波，也能骑车或漫步林间，听山中鸟鸣。

不仅百姓更亲水，港口潜力也进一步释放。在新建的通海港区记者看到，码头上工人有序作业，一排现代化集装箱岸桥满负荷运行。

"2018 年，原南通港集团集装箱分公司整体搬迁，不仅面积翻了一倍，运输也不用再穿过城区了。"南通港集团董事长施渠平介绍，今年上半年，港区完成集装箱吞吐量 65.96 万标箱，同比增长 38%。

以绿生金

赶上嫁接的时节，顾庄社区居民王广明忙得闲不下来。在他家的庭院中，大大小小的盆景或铁干虬枝，或盘根错节，姿态万千，不一而足。

他所在的如皋市顾庄社区，是中国盆景七大流派之一的如派盆景发源地。这一盆盆不起眼的小树苗，却是当地人眼中的"绿色银行"。"今年卖不掉，明年长得丰满了，收益反而更高。"王广明告诉记者，他每年盆景种植的收益在 150 万元到 200 万元。

"'百万不算富，千万才起步'是顾庄人的追梦标配。"顾庄社区党总支书记朱松辉说，盆景是顾庄人小康路上的"摇钱树"。4 年前，社区"以奖代补"鼓励农户对门前的自留地开展景观改造，将苗木提档升级，打造特色农家庭院，把"盆景"变成"风景"。2019 年顾庄社区实现旅游综合收入超 2.5 亿元，日均接待游客 500 多人。

如今，顾庄核心区已完成并通过验收的特色庭院有近 300 户。记者在现场看到，有的庭院形成了亭台假山、小桥流水的江南园林微缩景观，有的庭院侧重盆景展示，精选的苗木或凌空探海，或妩媚玉立……走在一个个私家花园中，真是"一院一景，移步易景"。

朱松辉说，未来要继续以产业为抓手，进一步改善人居环境，丰富村民的文化生活，实现更高水平、更高质量的小康。

近年来，南通的花木盆景、湖桑、林下经济等绿色产业面积超百万亩，全市林业总产值达 211 亿元，比上年增长 5.93%。

记者 **杨丁淼 孙雯骥**

——摘自《新华每日电讯》2020 年 7 月 6 日头版

习近平同加纳总统阿库福-阿多就中加建交60周年互致贺电

新华每日电讯

新华通讯社出版

新华社客户端

2020年7月6日 星期一 庚子年五月十六 今日8版 总第10050期

国内统一连续出版物号 CN 11-0209 邮发代号 1-19

我国成功发射试验六号02星

7月5日下午11时44分，我国在酒泉卫星发射中心用长征二号丁运载火箭，成功将试验六号02星送入预定轨道。 新华社发（单麦摄）

江苏南通：水清岸美产业兴

河畅水清

问渠那得清如许

269

新华社南京7月5日电（记者陈刚、沈汝发）近年来，随着长江大保护战略深入推进、一批治污工程在江苏南通相继落地，原生水生动物陆续归来，环保理念深入到每个市民、企业的幸福感、获得感大大提升。

"107条黑臭河道，一河一策！"近年来南通持续开展污染防治攻坚。

（下转2版）

■新时代担当作为典型

洞庭湖区，有这样一群年轻人

（记者史卫燕）新华社长沙7月2日电

应对变局 开拓新局

从"经济更加发展"品味我们的小康生活

新华社记者安蓓、何宗渝、徐扬

▲ 7月1日，重庆市永川区永钢村"女家庭十党定科技"的监测员黄俊香走在崎岖的山道上，查看地质灾害点的情况。 新华社记者刘潺摄

"追"雨记

实力大幅跃升

活力持续进发

20次协调会后，老小区终于装上新电梯

上海老旧小区改造见闻

新华社上海7月5日电（记者王默玲）

《新华每日电讯》2020年7月6日头版

《光明日报》

《江苏南通：面向长江 鸟语花香》

6月13日，雨后的南通狼山国家森林公园空气清新，怡人心脾。

江边观光栈道上一群游客正在指着下面的水草七嘴八舌地喊着"我也看到了""这边也有""这个好大啊""这一块有好几个"，让这群人惊喜得手舞足蹈的是水草上爬着的螃蟹。江边丰茂的水草摇曳，大大小小的螃蟹栖居，这样的景象以往在这里并不多见。沿着江边道往里走，可以看到很多游客在江边张开双臂拥抱江风，尽情地呼吸着清新空气。

很难想象，2017年以前，这里曾是"滨江不见江，近水不亲水"的脏乱差集中区域。公园里的工作人员介绍，这里曾经遍布着各种能耗大污染大的企业和各种生产生活废水排污口，江边散货码头设备老旧，"小杂船"随意停泊，江边又脏又乱，她说："以前这里的海风都是臭的，哪会有人专门对着大海大口吸气呢。"

"城市客厅"像一幅画

五山（狼山、军山、剑山、黄泥山、马鞍山）及沿江地区是南通作为滨江城市的标志与特色，总面积约17平方公里，沿江岸线约14公里。2017年初，南通市启动实施五山及沿江地区生态保护和修复工作，从根本上破解市区沿江段几十年工业集聚带来的生产、生活、生态空间之困，统筹推进沿江地区"产业退、港口移、城市进、生态保"，打造"面向长江 鸟语花香"的"城市客厅"，全力守住大江大海生态本底。

"五山及沿江地区是长江南通段重要的生态腹地，也是城市发展的重要水源地，从长江取水的狼山水厂日供水140万吨。为落实长江大保护要求,解决五山及沿江地区多头分割管理,小景区、老港区、破厂区、旧小区相互交织,沿江港口产业能耗污染大等问题,打好重点区域污染防治攻坚战,2017 年以来,南通先后启动市区沿江段企业、排污口、'小杂船'、船舶污染、非法码头和饮用水水源地环境保护等 20 多项专项整治行动,对严重影响环境的污染企业坚决关停,对符合产业发展要求的企业积极推动向沿海地区转移、向工业园区集聚,进一步优化布局沿江生产、生活、生态岸线。"江苏省南通狼山旅游度假区管理办公室副主任邵文建介绍,"截至目前,五山及沿江地区共关停并转'散乱污'企业 203 家,清理整治'小杂船'162 条(户),拆除河道周边各类违建 6.5 万平方米,截堵污水直排口 5 处,退出沿线港口货运功能、腾出修复岸线 5.5 公里,长江狼山水源地水质达标率 100%。"

狼山镇同心村居民黄永斌介绍:"我们同心村北面是军山、东边是长江支流裤子港河,南边和西边环绕长江岸边,可以说这片江水哺育了我们成长。如今,旧日的同心村已经变为美丽的植物园,和五山及滨江风景连为一体,站在这里可以远眺长江,曾经江边停靠的'小杂船'没了,江面上来往的渔船、机动船也已不见踪影,满眼都是开阔江景,像一幅画。"

经过两年多的生态修复,五山地区森林覆盖率达 80% 以上,生态环境面貌发生了根本变化。2018 年 8 月,南通狼山国家森林公园成为当年江苏唯一获批、南通首家国家森林公园,实现了"山畔嬉江水、江上揽五山"的生态修复效果。邵文建介绍,目前,生态修复完成区内超过三分之二的区域免费向市民和游客开放,沙滩、足球场、滑板场和 11.5 公里慢行步道等功能配套同步到位,市民和游客可以走进森林氧吧欣赏长江碧波,也可以在此会客,真正过上"面向长江 鸟语花香"的幸福生活。

长江大保护让我们过上好日子

"我原来住的地方北有水泥厂，东临硫黄厂。天气晴朗时，一般居民会选择晒晒被子、做做卫生，但是在这里，水泥灰、硫黄粉烟尘到处飘散，好好的一床被子褥子，晒一次就会变样。碰上个梅雨天，空气里弥漫着怪味，让人喘不过气。"原狼山镇洪江社区居民袁海根忆往昔直叹气，而说起现在的日子，脸上又流露出幸福的笑容，"后来，我们阳光搬迁了，在新城新苑拿了房子，新房子南边就是海港河，之前的居住环境和现在相比可以说是天差地别。我现在退休了，领着退休工资，有空的时候约几个老友在公园里压压马路，呼吸着新鲜空气，感觉人呀又年轻了许多。现在环境越来越好，长江大保护真正地让我们过上了好日子！"

长江及其周边的大环境不断改善，百姓生活的小环境也在华丽转变。狼山镇洪江社区居民通过阳光搬迁几乎换了一种生活，而狼山社区的中城小区则在老小区综合整治中实现了旧貌换新颜。走进中城小区，曾经的斑驳墙面和停车乱象不见了，白墙黛瓦的中式建筑风格与小区外的景区融为一体，"推窗见公园，抬头望狼山"，每一寸空间都散发着大自然的味道。

这样的"变身"在南通各个区域相继上演。五山地区作为南通长江大保护的示范工程，正在全市范围内逐步推开。南通市长江岸线占全省的18.5%，其中，主江岸长157.2公里，占全省的19%。全市沿江共有饮用水水源保护区5个（洪港、狼山、李港、长青沙和海门），总面积35.4平方公里，日供水能力250万立方米。此外还有多处自然保护区、重要湿地、特殊物种保护区等，生态保护工作任重道远。

南通市针对以往存在的生态环境突出问题，在全市范围内扎实推进沿江城镇污水垃圾处理、化工污染治理、农业面源污染治理、船舶污染治理以及尾矿库污染治理"4+1"工程，2017年以来，清理沿江入江河口"小杂船"2600余条；对全市2923个疑似排口逐一进行了现场排查；累计投入专项整治资金7.1亿元，彻底整治取缔全市沿江所有非法码头53座，生态复绿面积119万平方米。此外，南通市通过完善环保设施为长江大保护工作和百姓安居乐业保驾护航。环境美，心情美，百姓的幸福感、获得感也在不断提高。

狼山脚下一处步道旁，一行游客正在对着江面拍照、录视频，江边突然传来一声拉长音的"长江好美啊"，十几双眼睛齐刷刷地望过去，都笑了。显然，那位忍不住高声抒情的人喊出了周围游客甚至是许许多多南通市民的心声。

记者**刘平安 苏雁** 见习记者**张雪瑜**

——摘自《光明日报》2020年7月6日头版

光明日报
GUANGMING RIBAO

2020年7月6日 星期一 农历庚子年五月十六 今日16版

光明网网址:http://www.gmw.cn 国内统一连续出版物号CN 11-0026 代号1-16 第25724号

习近平同加纳总统阿库福-阿多
就中加建交60周年互致贺电

新华社北京7月5日电 国家主席习近平7月5日同加纳总统阿库福-阿多互致贺电，庆祝两国建交60周年。

一片叶子的重量 （报告文学）
——脱贫攻坚的"黄杜行动"
王国平

"一片叶子富了一方百姓"：
"黄杜故事"的鲜明主题

浙江省安吉县黄杜村村民共党员先富带动后富，向湖南省古丈县、四川省青川县和贵州省普安县、沿河土家族自治县等地捐赠"扶贫苗"。图为连日新翻的黄杜茶叶一景。
本报记者 王国平/光明照片

▌走向我们的小康生活▐

江苏南通：面向长江 鸟语花香
本报记者 刘平安 苏雁 本报见习记者 张杏瑜

"城市客厅"像一幅画

▌新时代文明实践▐
开栏的话

群众在哪里，文明实践就延伸到哪里
——新时代文明实践带给城乡新气象新变化
本报记者 龚亮

推动新时代文明实践中心建设更进一步
本报评论员

歌剧《红船》在浙江嘉兴正式开排
本报记者 严红枫 本报通讯员 顾欣玮

《光明日报》2020年7月6日 头版

中国日报网

《南通：智慧治水 让原生态"游"走于现代城市之间》

　　11 月 26 日，南通市新闻办举行"打造高质量治水典范城区"新闻发布会邀请南通水利局等部门负责人就打造崇川区 100 平方公里高质量治水典范城区的推进情况向大家作了通报。

　　据南通市水利局局长吴晓春介绍，2019 年以来，在当地市委市政府的高位推进下，水利部门按照"系统化思维、片区化治理、精准化调度"的思路，开辟"控源截污、水系连通、内源治理、活水治理、生态修复、长效管理"的治水路径，开展"一控三自然"的治水实践。他表示，一控就是控源截污，紧盯治水之本。三自然就是指自然活水，紧盯治水之源；自然做功，紧盯治水之势；自然净化，紧盯治水之脉。通过完成濠河核心区 336 个排口溯源排查和问题整改，3300 余处问题排污点整改，内圈 3.5 平方公里污水管网实现低水位运行，累计修复、清淤雨水管网超过 171 公里；先后拆除 100 多处影响水体流动的坝头坝埂，通过开挖明河、管涵连通以及拓扑导流墙技术让中心城区 44 条断头河全部实现水系贯通，恢复了河道的自然流动属性；借助长江潮汐动力，因势利导，将江水引入城市内部，实现江河联动、内外循环；利用历史形成的水利分区和水位落差，通过水利工程的跨区联动，让自然做功，形成"西引东排、北引南排"的活水畅流格局。同时采用"生态水利工程 + 湿地公园"的方式，通过恢复水域植被，建设生态河岸和湿地的举措，让河流水体重现自然风貌。目前，经过一年的努力，城区内已经实现了"基本消除建成区黑臭水体，濠河及中心城区 66 平方公里内主要河道达到Ⅲ类水质"的工作目标，18 条城市黑臭水体全面消除。现在，恢复自然流动的河道水清景美，久违的水鸟也回来"安居"，"河畅、水清、岸绿、景美"的生动景象已随处可见。

吴晓春表示，今年，水利部门还将把崇川区 100 平方公里区域努力打造成中心城区高质量治水的典范城区。将对标城区治水标杆，按照"系统化思维、片区化治理、精准化调度"的思路，以"确保每一条问题河道都能找准病因、确保每一个整治方案都能对症下药、确保每一项治理方案都切实可行"的严谨作风，高质量推进主城区水环境治理工作。

水资源的利用贵在高效，水工程的调度贵在精准。据了解，当地水利部门在治水过程中，通过开展原型观测试验，摸清了中心城区 66 平方公里范围内每一条河道现状，清楚了解水流、水质情况，找到每一个堵点和坝埂；实地踏勘了每一座涵闸，了解运行情况和操作规程。在此基础上按照自然活水的要求，确定水利工程联合调度方案和每个闸站的运行规程，水闸精确到开度，泵站精确到流量，需要联合运行的，精确到时间，确保每一条河道都有适宜的流向、流速、流量，实现了防洪排涝安全与水环境改善的"两利"活水，实现了水资源高效利用和水动力高效利用的"高效活水"。目前，根据中心城区 66 平方公里内工程实施、水量分配等，当地水利部门已对活水调度方案进行了 18 轮的优化调整，并对管理单位和闸站运行人员开展相关培训工作。

截至记者发稿时，南通城区水利工程智慧管控系统一、二期工程已经接入了涵盖市本级、濠河办、五山办、崇川区等单位共计 68 座闸站。2021 年还将计划再投资 1000 万元实施三期工程，根据使用情况进一步优化管控系统，并扩大站点接入覆盖面，将治理后的观音山片区、崇川区北部等区域闸站接入系统接受统一调度。

记者发现，当地水利部门在水利工程建设方面因地制宜，并引入了海绵城市和生态修复理念，将昔日的"三面光"河道变成绿色生态、蜿蜒蛇行的自然河流，将硬质堤岸改造成浅滩、树岛或跌水等，将生态河道、湿地保护恢复和人文景观有机结合，构建出城市中稀缺的动物栖息地、植被生境以及水岸交融蓝绿交织的生态廊道，形成"原生态游走于现代城市之间"的独特城市景观。

目前当地水利部门正在加快推进全市域区域治水总体方案及县（市）区子方案编制工作，统筹组织、系统实施，全力打造干净流动美丽的特色平原河网水系。为建设美丽江苏南通样板正在做出积极的水利贡献。

记者丁从容

——摘自中国日报网2020年11月27日

水天交映

《新华日报》

《在全省率先完成"清四乱"整治南通
确保一城清水入江流》

"通过实施雨污分流改造和河道长效管护，水质已从劣Ⅴ类提升至优Ⅲ类，实现达标排放。"岁末年关，海安高新区北城街道三里闸村党支部书记、村级河长奚勇向水利部河湖"清四乱"第五督察组汇报。河道内外水清岸绿、鱼虾成群的生态环境得到督察组肯定。至此，南通最后一个水利部交办问题通过验收销号，在全省率先完成"清四乱"整治任务。

"南通地处江海交汇点，缘水而生、依水而兴、因水而美。"南通市委书记徐惠民说，"十三五"期间，该市以"河长制"为抓手，聚力打赢打好碧水保卫战、江河保护战，谱写了"水随人意、人水和谐"的治水新篇章，催生出"争先豪情、克难勇气、科学态度、创新思维、实干作风"新时代南通治水精神，全市水环境、水生态明显改善，群众幸福感获得感不断提升。

去年 11 月 12 日，习近平总书记走进南通五山滨江片区，壮阔江景和秀美山色令他称赞不已。习总书记到访的五山滨江风光带迅速"蹿红"，市内外游客争相"打卡"。

但眼前的生态美景曾是"生态伤疤"。"长江虽然就在家门口，给人感觉却越来越远。"市民张巍曾经住在距离长江岸线仅一两百米的任港老镇，但沿江不断增加的码头、堆场、企业以及空气中愈发浓重的硫磺、铁矿石粉尘，不仅拉开了人与大江的"距离"，也给原本人水和谐的滨江生态画卷蒙上了阴影。

"'共抓大保护、不搞大开发'，南通坚定决心重拾人与长江的'亲情'。"南通市副市长、河长办主任赵闻斌介绍，市委书记、市长两位总河长"发出动员令"，长江南通段河长及由沿江 6 个县(市)区政府"一把手"担任的河段长闻令而动，深入现场指挥协调、督促整改。2016 年至今，南通沿江拆除 203 家"散乱污"企业，取缔 53 家非法码头，腾退、修复岸线 12 公里，93 个长江干流岸线利用项目清理整治任务全部通过省级验收销号。

从"临江"到"滨江"，从工业"锈带"到生态"绣带"，从"城市后巷"到"城市客厅"，五山滨江在新发展理念引领下上演华丽蝶变。一江清水经通吕运河流淌入城，人水和谐共生的美丽图景在向南通全域延伸铺展。

一位老人端坐在河边石台，面对清凌凌的河水，心无旁骛地吹奏葫芦丝——这并非影视剧里的桥段，而是南通市民在市区城山河边拍到的真实一幕。"家门口的断头河终于通了！""水质一好，钓鱼、跳舞的人群都来了。"这一视频经网络传播，在当地百姓中引发强烈共鸣。水环境品质提升成为南通人近年来有目共睹的喜人转变。

全面推行河长制初期，城乡水环境是制约南通高质量发展的明显短板。2018 年，全市 31 个国省考断面优 III 类水质比例只有 54.8%，排在全省后三名，与水有关的信访举报占比高达 40%。

巡河一圈大约 2400 步，8 个排口挨个检查，走不到的地方就用无人机，如今每周一到两次巡河依然是文峰街道总河长陆燕雷打不动的习惯。2016 年以来，文峰街道清理沿河违法搭建 3 处、乱放乱种植 2000 多平方米，整治入河排污口两处。目前，河道水质已由整治前的劣 V 类提升至优 III 类，通过验收销号。去年 11 月，红星二河沿线一家年利税超亿元的印染企业被整体搬走，地块拆迁工作启动。"守护'绿水青山'必须敢于动真碰硬、舍得'金山银山'！"陆燕说。

河长带头向黑臭水体"宣战"。南通市市长王晖介绍，"河长制"推行以来，南通全市 6733 名河长累计巡河 45.9 万人次，发现问题 35884 个，问题处理完成率达 93.38%。去年 4 月，省河长办发布的全省河湖长制工作调查中，南通河长制工作满意度、知晓度、参与度分别排在全省第一、第二、第四名。

城乡水环境日新月异。经一年多努力，南通中心城区全面"消黑除劣"，国省考断面优 III 类比例逐年提升，去年达到 90.3%；在全省率先启动农村黑臭河道治理，两年投资近 10 亿元，疏浚整治农村河道 6000 多条，清淤 3280 万立方米，2020 年度完成投资额及土方量是河长制实施前的 5 倍……一条条昔日"龙须沟"变身百姓点赞的生态河。

一江清水入城来，一城清水入江流。在南通市防汛抗旱指挥部，通吕运河引江入口以及海港引河、裤子港河排江出口的水文数据实时传送至监控平台。"现在两组水质数据均稳定在优Ⅲ类水平线上。"南通市水利局局长吴晓春说，这意味着南通实现长江Ⅲ类水进城、Ⅲ类水出城，为跑好长江大保护"最后一棒"写下生动注脚。"十四五"期间，该市将进一步深化落实河长制，组织实施区域治水，用"工匠精神""绣花功夫"管好每一条河、治好每一片水，在打造高质量治水典范城市上"争当表率、争做示范、走在前列"。

记者**贲腾**

——摘自《新华日报》2021年1月22日头版

新华日报

星期五 2021年1月 22 第26104号
农历庚子年十二月初十 今日20版
www.xhby.net

《习近平关于网络强国论述摘编》出版发行

新华社北京1月21日电 中共中央党史和文献研究院编辑的《习近平关于网络强国论述摘编》，近日由中央文献出版社出版，在全国发行。

党的十八大以来，以习近平同志为核心的党中央从进行具有许多新的历史特点的伟大斗争出发，重视互联网、发展互联网、治理互联网，统筹协调涉及政治、经济、文化、社会、军事等领域网络安全和信息化重大问题，作出一系列重大决策、实施一系列重大举措，推动我国网络安全和信息化事业取得历史性成就、发生历史性变革。

推进网络强国建设，开启全新建设社会主义现代化国家新征程。实现中华民族伟大复兴的中国梦具有十分重要的意义。

《论述摘编》分十个专题，摘自习近平总书记在2013年3月4日至2020年11月23日期间的讲话、报告、演讲、批示、贺信等一百多篇重要文献，其中许多论述是第一次公开发表。

深化自我革命 不负百年华章

—— 写在十九届中央纪委五次全会召开之际

全文见2版

省委常委会召开2020年度民主生活会

加强政治建设 提高政治能力 坚守人民情怀
在现代化建设新征程上奋力开辟"强富美高"新境界

娄勤俭主持并作总结讲话

本报讯（记者 耿联）按照中央部署要求，1月21日，省委常委会召开了2020年度民主生活会。

▶下转7版

媒体聚焦

282

省委常委会研究部署进一步做好
当前疫情防控和春节期间有关工作

娄勤俭主持会议

本报讯（记者 耿联）1月21日，省委常委会召开专题民主生活会。

▶下转7版

省政府党组召开2020年度民主生活会

坚定政治信仰强化政治担当永葆政治本色
切实担负重大使命谱写"强富美高"现代化篇章

吴政隆主持并作总结讲话

本报讯（记者 黄伟）按照中央部署要求，1月21日，省政府党组召开了2020年度民主生活会。

▶下转7版

认真学习贯彻总书记重要讲话精神
为谱写"强富美高"现代化新篇章贡献智慧力量

省政协召开党组会议 黄莉新主持

本报讯（记者 顾敏）近日，省政协召开党组（扩大）会议。

▶下转10版

业务全覆盖、机构全覆盖——

四个"全国第一"，凸显江苏信保硬实力

本报记者 赵伟莉

▶下转10版

陈忠伟当选宿迁市市长

本报讯 2021年1月21日，宿迁市第五届人民代表大会第五次会议，选举陈忠伟为宿迁市市长。

在全省率先完成"清四乱"整治

南通确保一城清水入江流

□ 本报记者 贲腾

▶下转10版

《新华日报》2021年1月22日头版

江苏省人民政府网

《南通市开辟城乡一体化区域治水新路径》

导读：从区域到流域，由主城区到全市境，随着"河长制"全面创新落实，新时代治水精神在近 8000 平方公里的江海大地有效辐射，南通城区居民的"净水河""活水河"，正在与农村群众房前屋后的"整洁河"全面贯通，昔日反映强烈、乏人问津的千余"龙须沟"，悄然变身农民身边的"幸福河"。6 月 11 日至 15 日，南通市河长办组织各新闻媒体、第三方检测机构等，对去年全省率先列入整治的南通市 1725 条农村黑臭水体巡查，实际完成 1769 条，超计划完成 44 条。经第三方技术检测，黑臭水体"消劣除黑"率达到 99.8%，大部分集镇区的黑臭河、农村的粪污河得到有效治理，试点先行市启东成为治理标本。

从区域到流域，由主城区到全市境，随着"河长制"全面创新落实，新时代治水精神在近 8000 平方公里的江海大地有效辐射，南通城区居民的"净水河""活水河"，正在与农村群众房前屋后的"整洁河"全面贯通，昔日反映强烈、乏人问津的千余"龙须沟"，悄然变身农民身边的"幸福河"。

6 月 11 日至 15 日，南通市河长办组织各新闻媒体、第三方检测机构等，对去年全省率先列入整治的南通市 1725 条农村黑臭水体巡查，实际完成 1769 条，超计划完成 44 条。经第三方技术检测，黑臭水体"消劣除黑"率达到 99.8%，大部分集镇区的黑臭河、农村的粪污河得到有效治理，试点先行市启东成为治理样本。

畜禽粪污直排入河是农村河道黑臭的重要因素，南通市每年接受的环保举报四分之一来自畜禽养殖污染。为解决粪污直排问题，市政府先后出台文件，优化生猪养殖区域布局，将饮用水源地保护区、生态红线一级管控区等管理范围划定为禁养区。如东、海安、如皋等地，以科学态度和实干作风，对无法自行处理的散小养殖户，开展社会化处理服务，建成粪污收运社会化服务组织 58 个，规模养殖场则做到粪污处置装备全配套，有效遏制了粪污直排入河。

农村河道治理"三分治、七分管"，必须以创新思维，实施农村河道保洁、绿化管护、农路保洁和农村生活垃圾收集处置一体化管理，方能摆脱"反复治"的怪圈。全市一二级及通航的三级河由水利部门负责实行市场化运作、机械化保洁、标准化考核，在镇村不通航河道推广"以河养河、生态护河"长效管护机制。

在新时代治水实干精神的激励下，今年南通市将非等级河道、村庄沟塘也纳入整治范围，排查出农村黑臭水体 1216 条，力争到今年年底，基本消除集镇区农村人居环境整治示范村、农村集中居住区的黑臭水体，明年底全面消除，彻底打赢"歼灭战"。

五山公园总面积 9.61 平方公里，由狼山中心片区、滨江片区、军山片区等 7 部分组成。得益于沿江生态修复工程，五山公园可谓"改头换面"。

"未修复前，这里生态环境风险突出，轻纺加工的小作坊林立，山地散养禽类污染环境，易发生地质灾害。"

由于狼山山峰陡峭，既不宜开山修路，也不宜大规模机械化作业。为了减少生态破坏，狼山中心片区建立起一支由 20 只骡子组成的"挑山骡运输队"。

"汽车可负重几吨重的货物，每只骡子最多只能负重 300 斤，虽然效率低了，施工时间拉长了，但可以最大限度地降低对生态的破坏。"

在狼山山麓，记者看到了正在棚中休息的骡队，骡棚附近，一列载货用的箩筐码放整齐。在不远处货物运输的盘山小路，两边林木繁茂，布满落叶，骡队运输是最便捷、最生态的方式。

军山森林公园项目实施过程中，建设团队同样维持原生态布局，尽量减少人工痕迹。来自复旦大学的专家团队建议，军山森林公园是华东地区罕见的物种多样化基因库，要严格保护域内生态，尽可能保留原有风貌。

除了生态保护，长江岸线南通段"开发利用、保护优先"已成共识，非法码头与沿江片区整治力度不断加大。

在港口码头，船舶靠岸燃烧重油一直是PM2.5排放大户，前些年，靠泊区黑烟滚滚，空气质量差。为降低污染排放，南通新建的通海港区实施岸电先行，2兆伏安的高压变频装置可满足集装箱船靠泊期间用电需求，两套电源系统并联运行时能满足一艘8万吨级集装箱船舶岸电用电需求。

"南通港通海港区是长三角船舶排放控制区'岸电应用试点港区'，不仅要发挥通江达海的作用，更要承接上游非法码头整治转移过来的产能。"

预计岸电年替代燃料量为1612.12吨标准油，减少二氧化碳排放约234.18吨。

岸电是反映南通岸线近年来绿色开发的一个切片。2016年全市港口岸电使用量为50.38万千瓦时，2017年为105.13万千瓦时，原先燃烧重油的非法码头正在持续整治。

"滨江南通港片区紧挨西部沿江地区，占用岸线达7公里左右，目前除了造船厂和执法码头，所有的散装和集装箱码头已拆除，集装箱业务也将全部集中在通海港区。"南通市沿江地区，产业退、港口移、城市进、生态保正往纵深推进，一幅"面向长江、鸟语花香"的滨江画卷正在徐徐展开。

——摘自江苏省人民政府网2020年6月17日

魅力濠河

市级媒体

《南通日报》

《大力弘扬新时代南通治水精神》

江海孕育南通，水乃城市之魂。南通的发展史，一定意义上就是一部治水兴水史。特别是近年来，在习近平总书记关于系统治水的重要论述指引下，谱写了水随人意、人水和谐的治水兴水新篇章，在实践中铸就了新时代南通治水精神，诠释了广大治水工作者的可贵品质、精神坐标和价值追求，是十分宝贵的精神财富。

新时代南通治水精神具有丰富的时代内涵和重要的实践意义，集中体现在争先豪情、克难勇气、科学态度、创新思维、实干作风。争先豪情，就是永不满足、勇立潮头，短短 8 个月时间就将中心城区水质由劣Ⅴ类为主全面提升到Ⅲ类,实现"差等生"向"优等生"的蝶变。克难勇气,就是知难不畏、迎难而上,直面断头河过半、黑臭水体超两成的困境,攻克看似天方夜谭的难题,把不可能变为可能。科学态度,就是立足实际,把握规律,充分利用江水东流、自然净化,实现一泓清水、满城活水。创新思维,就是打破常规,革旧鼎新,集成运用智能管控、拓扑导流等治水新技术,落一子而满盘活。实干作风,就是脚踏实地、担当作为,走遍每条河道,摸清每个排口,磨实每项方案,靠铁脚板踏出成功治水之路。

实践催生精神,精神引领实践。在改革发展的新征程上,唯有迎难而上才能破茧而出,唯有百折不挠才能拨云见日,唯有攻坚克难才能成就大业。我们要争当龙头先锋,打造全省高质量发展新增长极,必须以新思想为引领,围绕新发展理念指挥棒,坚持从实际出发,按规律办事,因势而谋、应势而动、顺势而为、驭势而成;必须拿出与强者比、向高处攀,勇争第一、敢创唯一的那么一股子劲,深入解放思想,抢抓战略机遇,勇于跳出旧框框,敢于开辟新路径;必须把埋头苦干、创新巧干、紧张快干作为奋斗底色、前进标识,在激烈的区域竞争中跑出发展加速度,合力奏响新时代高质量发展激昂乐章。

让我们大力弘扬新时代南通治水精神,与学习苏州"三大法宝"、答好南通"发展四问"贯通起来,学习典型、激扬"狼性"、比学赶超、立足岗位作贡献、提升作风争一流,使学习成果转化为全方位融入苏南、全方位对接上海、全方位推进高质量发展的实践成果,不断开辟"强富美高"新南通建设新境界。

江海云

——摘自《南通日报》2020年6月1日头版

《实施系统治水 打造水美南通》

南通地处长江下游，滨江临海，河网密布，全市水域面积778平方公里，河道总长达2.4万公里，涓涓流水，滋育良田，润泽城乡。南通因水而生、因水而兴、因水而美，纵观南通发展史，也是一部治水兴水史，古有范仲淹筑堤捍海，百年前张謇邀荷兰水利专家特莱克修闸固防，新中国成立后兴水利、保灌溉、促生产，泽被后世，惠及当代。近年来，南通市委、市政府坚决贯彻习近平总书记关于长江经济带发展"共抓大保护、不搞大开发"的重要指示精神，落实中央和省关于系统治水的决策部署，以"地处长江下游，工作力争上游"的目标定位，坚持"江河联治、水岸共治、全域防治"治水思路，探索"系统化思维、片区化治理、精准化调度"治水模式，实施"控源截污、自然活水、自然做功、自然净化"的"一控三自然"科学举措，以打好污染防治攻坚战的治水新实践，再现河畅、水清、岸绿、景美的生动景象。通过两年努力，南通实现了城区水质"后进生"向"优等生"的蝶变，甩掉了"水质状况全国排名靠后"的帽子。2019年，南通水质改善幅度列全国重点城市第17位，中心城区66平方公里内主要河道水质由劣Ⅴ类提高到Ⅲ类，长江水Ⅲ类进城Ⅲ类出城，16条城市黑臭水体全面消除，建成全国水生态文明城市，步入"人水和谐"的新时代。

重拳治污，让水清澈起来

习近平总书记指出，治水要良治，良治的内涵之一就是要善用系统思维统筹水的全过程治理，分清主次、因果关系，找出症结所在。南通城区外邻滔滔长江，内有千年濠河，中心城区水系丰富，水情复杂，更需精准剖析，突破"就河治河"的惯性思维，找准治水之本，谋实治污之策，坚持水岸兼顾、内外源统筹，实施系统整治。

深入溯源排查。不知从何时起，因水而美的南通城被老百姓吐槽为"依着一江清水、守着一城脏水"，到2018年除濠河为Ⅳ类水外，其余河道普遍为劣Ⅴ类水，16条属于黑臭水体，群众怨声载道。人民群众对美好生活的需要，倒逼追求经济发展与优美生态同向发力。痛定思痛，查清源头是前提。把濠河及周边45平方公里78条河道作为中心城区治水试点区，以此破题，采取"一级技术排查、二级人工排查、三级疑难排查"的方法，分片、分河、分段，查排口、查管网、查病因，找出混接排口349个，问题管网6段，查出居民和"六小行业"乱排、雨污混排、管道渗漏、河道淤积、断头河多等河道污染主因，找准症结，明确了主攻方向。

全面控源截污。病因已明，猛药去病，真正做到有效控源截污"高标准、高质量、高效率"是关键。坚持问题导向，实施沿河排口高标准截污，做到应截尽截、应堵尽堵，开展"六小行业"截污整治和沿河环境专项整治，消除生活污染直排口349个，完成3841个问题排污点和56条河道的沿河环境整治。实施雨污管网高质量养护，对800公里雨污管网做到"检测、冲洗、清淤、维修"四同步，新建雨污管网30公里，实现"晴天污水零入河、雨天溢流污染高效控制"。实施污水处理高效率运行，改污水浓度"出厂单考"为"进出厂双考"，以进厂浓度作为判断污水管网是否渗漏的重要标准，把管理聚焦到管网上，把效益体现在进出厂前后的污染物含量下降上，日污水处理量增加6000吨，效率提高了10%左右。

实施自然净化。控源截污控减了岸上污染入河，只解决了外源问题，必须同步解决河道内源污染，提升自净能力。一方面，消除内源污染，全面打造清洁河道,对45平方公里78条河道进行全面普查、彻底清淤、生态疏浚,清除淤泥21.3万方,实现"应清尽清"。另一方面,全面提升自净能力,采取"生态水利工程 + 湿地公园"模式,恢复河道植被,将36条"三面光"河堤恢复成自然护坡,对21平方公里五山及新城片区实施湿地化、海绵化、森林化改造,森林、绿地和水面达48.8%。生态河道、海绵城市、湿地的三位一体建设,有效拦截、吸收、消化水体污染物,大幅提高水体自净能力。

自然做功,让水畅流起来

习近平总书记指出,要顺应自然,坚持自然修复为主,减少人为扰动,把生物措施、农艺措施与工程措施结合起来,祛滞化淤,固本培元,恢复河流生态环境。良好的河流生态环境,生态水位、生态流量缺一不可。长江赋予南通最具特色的自然资源,是南通中心城区的天然水泵。治水实践中,放眼长江大水系,坚持保护优先,高效利用,让自然做功恢复江河生态环境。

江河联动增势能。受黄海潮汐影响,长江下游每天有两次固定的涨落潮,最高潮位4米左右,而紧靠长江的南通城区内河水位一般在2-3米。可以说,长江给南通城区的水体内引外流带来了天然势能。水因势而动,充分发挥通吕运河、海港引河等通江河道的作用,利用历史形成的水利分区和水位落差,构建"西引东排、北引南排"的活水畅流格局,把长江水引入内河,自然做功、高效利用,增加内河水量、动力,最大限度满足河道的生态流量和生态水位需求,最后畅然向东入海、向南归江,让江水保持原有水质回归大自然。

内河连通提效能。水系不通,则水体不活。江水活城,关键还要内河畅流,才能将势能以更高效能传遍河道,让水真正活起来。为实现城区河道自然贯通，恢复自然流动属性，2018年以来，中心城区先后拆除影响水体流动的坝头坝埂100多处，开挖河道1745米、建设管涵1805米，44条断头河全部接通大水系，主要河道连成一张覆盖全城的巨大水网，夯实水体流动基础。

闸站联调增动能。南通属于平原河网型城市，河道之间水位差小，江水入内后，势能很快衰减。因此，在把江水引入城时，将水位固定在2.85米左右，既达到防汛要求，又形成较高势能，再通过44个闸站的精准管控，形成内河间的有序水位差，促进水体自然流动。对于地势较低的河道，增建小型泵站，补水提动能。对于较浅的河道，增建滚水石，形成梯度水流，分段送动能。目前中心城区河道全部流动起来，从过去基本无流速，到现在平均流速达到0.14米/秒，实现满城活水。

集成创新，让水温顺起来

创新是引领发展的第一动力，更是破解治水难题的根本出路。在中心城区治水中，跳出了大投入、大建设、关门治水的思维定势，坚持因需制宜，因河施策，注重创新驱动、技术集成，推动治水向科学化、智慧化、节约化、阳光化转变，实现"水随人意"。2年来，城区45平方公里实施水环境治理项目43项，实际投入1.26亿元，仅占投资预算的47%，而且多年积累的水利工程优势得到了充分挖掘利用，达到了"四两拨千斤"的综合效应，切实做到了少花钱多办事、高效率办成事。

控污导水。削减污染量，科学控制污水引排是关键。针对部分地区难以做到雨污分流、雨水挟带地面污染物直接入河的现况，在沿河设置截流管，集中收集处置，杜绝雨水带污直排进河。针对污水管网高水位运行，易造成污水外溢顺势入河的难题，通过增建管网分流、增加末端处理等办法，保持污水中低位运行，有效防止污水渗漏进河。针对污水处理厂达标尾水与Ⅲ类水质的标准差异，在出水口增建生态湿地，推动尾水生态净化，最大限度减少尾水对河流水体的影响。

智慧调水。水是自然的产物，城是人类的创造。水入城之后，需要适度人工引导，才能实现水随人意、水城融合。按照"全面活水、持续活水、按需活水、两利活水、高效活水、连片活水"的思路，建设城区水利工程智慧管控系统，对主城区44个涵闸泵站实行一体化整合，打破原先市、区、街道分头管理的格局，建设一个调度中心和三个分中心，通过大数据汇集中心和应用支撑平台，实现统一调度、分级管理，精准观测、联动联调。智慧调水，不仅实现了调水方式由"手动"向"电动、自动、遥控、联动"的飞跃，开关闸时间由"手动十分钟"缩短为"电脑十秒钟"，而且实现了防洪排涝和活水调度的精准化。

降本活水。断头河是中心城区黑臭水体的重灾区，水流不畅极易成为"死水一潭"，传统做法是开挖明河或者埋设管道，但中心城区建筑密度高，往往涉及利益多，不仅成本高，而且难实施。对于单条断头河，引入拓扑导流墙这个"黑科技"，在断头河中央建设隔水墙体，利用水位差让水体导流循环，永续自然流动，仅以每米700元的成本让断头河的死水成为活水。对于相邻断头河，采用箱涵连通技术，把两条断头河的头部连接起来，实现"毛细血管"周通。

阳光治水。治水成效好不好，结果要由群众来评判、公众来监督。坚持"开门治水"，做到"每周公布水质、每季通报排名、常态巡查督查"。在中心城区主要河道布设35个监测断面，聘请第三方进行水质监测，每周滚动发布"体检报告"，公开接受群众监督。每季度召开工作点评会，考评结果在媒体公布，年度考核末位的评先评优一票否决。畅通公众举报平台，限期办理群众举报投诉的水环境质量问题。充分发挥党代表、人大代表、市民代表和政协委员的作用，成立由120名"三代表一委员"组成的现场考核督查组，常态化开展督查，确保治水成效经得起历史和人民检验。

人水和谐，让水灵润起来

择水而居是人类亘古的选择，也造就了南通这样的水拥古城。先贤张謇以水兴城的理念深入南通人的基因，激励新时代江海儿女把人水和谐作为治水的最高追求，着力构建生态宜居水环境，打造城市精致水空间，实现恩波德水，水灵润城。

依水优城。南通因水而兴，因水灵秀，水润通城是城市最鲜明的特质。近年来，把5A级濠河景区作为城市文脉和精致空间，进行新一轮提升，打造南通历史文化的最美窗口、市民休闲生活的最佳去处、城市精细管理的最好样板；把江水入城主河道交汇处作为城市新亮点，启动12平方公里"五龙汇""任港湾"建设，着力打造集居住、商办、产业、社会事业于一体的城市副中心；把五山及沿江地区作为"面向长江、鸟语花香"的"城市客厅"，开展生态修复，打造集森林公园、时尚休闲、滨江旅游为一体的高品质公共活动空间。

傍水布景。南通是一座水城，濠河是第一生态圈，长江、通吕运河、海港引河和裤子港河合围成第二生态圈。围绕这两条生态圈，提升景观与绿化，让生态环境在城市空间中更为夺目。在美化上，注重增加绿量与提升质量相结合，两年增加森林面积6平方公里，打造地方味浓郁、层次感鲜明、多植物共生的水绿一体景观。在亮化上，注重文化融入，优化沿河建筑内部透光，增加多功能沿河灯8000盏左右，提升景观内涵度、通透性和层次感，打造夜幕下举目皆美、放眼皆亮的河岸秀色，让每条河流都成为造福人民的幸福河道。

亲水惠民。人类对水有着特殊的情感，近水亲水能使人愉悦。加强沿河步道建设，新建、维修步道超过 18 公里，让城市居民漫步水边、游览河景、滋养身心。建设亲水平台，新建、整修亲水广场、平台等 30 个，打造一批河道公园，让城市居民置身水边、远眺近观、放松心情。发展亲水项目，推出游船和河畔沙滩，让城市居民在玩乐中放飞自我、增进亲情友情。打造水文化，在沿河设置水文化标识，营造浓郁水文化氛围，推动群众在近水、亲水中更加爱水、护水。

治水只有进行时，没有休止符。我市干部群众以争先豪情、克难勇气、科学态度、创新思维、实干作风，交上了一份中心城区治水的精彩答卷，也锻造了新时代南通治水精神。满载全市人民的期望，在新时代南通治水精神的激励下，在治水面积由濠河周边 45 平方公里扩大到中心城区 66 平方公里、100 平方公里"三大步"的基础上，总结中心城区治水经验，以启东为试点开展县域治水，加快市域推广，必将推动全市水环境实现根本性好转，在江海大地上绘就一江清水向东流的靓丽画卷。

记者 **施玮岩**

——摘自《南通日报》2020年6月1日头版

都市通 观天下

南通日报

2020年6月 1 日 星期一
农历庚子年四月初十

A1 今日 8 版
第 19305 期

今日天气：多云 最低温度 19℃左右 最高温度 31℃左右

关注新通报发布APP
获取更多资讯内容

《求是》杂志发表习近平总书记重要文章
《关于全面建成小康社会补短板问题》

（文字新闻，略）

希望广大少年儿童刻苦学习知识，坚定理想信念，磨炼坚强意志，锻炼强健体魄，为实现中华民族伟大复兴的中国梦时刻准备着。
——习近平

习近平向全国少年儿童祝贺节日

新华社北京5月31日电

（正文略）

盐通铁路线下控制性工点全攻克
迈入上部结构施工"快车道"

（正文略）

北濠桥路路口单行区域调整
车辆运输扬尘污染治理加强

哨下违建治理
"硬骨头" ↗ A5

6月一批新规施行
A8 观天下

85118888
8605133456

问/渠/那/得/清/如/许

295

大力弘扬新时代南通治水精神
□江南云

（正文略）

实施系统治水 打造水美南通
本报特约记者 施玮岩

（正文略）

强化治水，让水涌流起来

系统治水，让水涟涌动起来

智慧治水，让水涌活起来

入水和谐，让水及灵润和美

摄影 ：许总军山

南通日报社出版 www.ntrb.com.cn 国内统一刊号CN32-0025 邮发代号27-19 文字投稿邮箱:ntrbgj@163.com 图片投稿邮箱:ntrbtp@163.com 广告热线:85118892 美编:屠云飞 屠晓岩 校对:马继林

《南通日报》2020年6月1日头版

《奋力跑赢 新时代治水新赛程》

100 多年前，南通先贤张謇，提出了"水脉周通、西被东渐"的水系规划思想，为近代第一城奠定了良好的水系基础。20 世纪 50 年代后期，党领导老一辈水利人以"敢叫日月换新天"的气势，完成了九圩港、节制闸等重要水利工程建设。"十三五"以来，九圩港提水泵站、焦港泵站、通吕运河水利枢纽工程等重大水利工程相继落成。现在，全市区域治水工程又在江海大地全面展开。一代又一代水利人在治水长征路上，秉承艰苦奋斗、开拓创新、精益求精的精神，创造了一个又一个治水奇迹。

2019 年，我们在市委市政府的坚强领导下，迎难而上、创新实践，仅仅用 8 个月时间，使濠河及周边主要河道水质达到Ⅲ类，在实践中形成了新时期南通"四化"治水新理念、探索了"一控三自然"治水新实践、催生了新时代南通治水精神，"美丽南通"成色更足、底色更亮。

"十四五"的征程已经开启。我们要以领跑者的姿态、开拓者的气魄，不待扬鞭自奋蹄，在新时期南通"四化"治水新理念的指引下，开启新的奋斗赛程。要深入实施区域治水工程，构建治水新格局；要全面提升水旱灾害防御能力，坚决保障人民群众生命财产安全；要加快推进水利重点工程建设，不断完善水利基础设施网络；要持续抓好水资源节约利用，确保水资源管理全省领先；要突出水利改革创新，守住安全生产底线；要加快建设生态美丽幸福河，始终为满足人民群众对美好生活的向往而治水兴水护水。用汗水浇灌收获、用实干笃定前行，奋力书写江海大地"精彩一笔"。

吴晓春

——摘自《南通日报》2021年7月13日四版

《河湖健康监测"扩容"啦！》

中心城区66平方公里内主要河道水质，由劣Ⅴ类提高到Ⅲ类，一江活水进城、满城清水归江，中心城区步入"水随人意、人水和谐"新时代。

但这还远远不够。让健康河湖成为最公平的公共产品，最普惠的民生福祉，市水利局、市政和园林局、生态环境局、水务集团和崇川区等部门和单位始终致力于提升水生态系统质量，倾力呵护水环境系统稳定，不断拓展水环境治理范围，在原有66平方公里的基础上，今年再扩大34平方公里，水质监测断面由原来的35个测点再增加20个测点，每周对主城区100平方公里55个河道断面进行水质监测。这是国庆前夕新周报的由来，也是治水人向广大市民的国庆献礼。

——摘自《江海晚报》
2021年10月1日三版

河湖健康监测"扩容"啦！
一百平方公里55个水质监测断面请您监督

中心城区66平方公里内主要河道水质，由劣Ⅴ类提高到Ⅲ类，一江活水进城、满城清水归江，中心城区步入"水随人意、人水和谐"新时代。

但这还远远不够。让健康河湖成为最公平的公共产品，最普惠的民生福祉，市水利局、市政和园林局、生态环境局、水务集团和崇川区等部门和单位始终致力于提升水生态系统质量，倾力呵护水环境系统稳定，不断拓展水环境治理范围，在原有66平方公里的基础上，今年再扩大34平方公里，水质监测断面由原来的35个测点再增加20个测点，每周对主城区100平方公里55个河道断面进行水质监测。这是国庆前夕新周报的由来，也是治水人向广大市民的国庆献礼。

南通市主城区100平方公里河道水质周报 (2021.9.25)
南通市水利局发布

数据来源：南通市生态环境局

山水相依五山美

结 语

风劲帆满图新志，砥砺奋进正当时。

习近平总书记在通考察，如春风习习在江海大地吹拂，成为南通水利人扬帆远航的强大动力。

最是江边好风景，满山遍野渐红的枫叶，写满了总书记的谆谆嘱托。嘱托，声声入耳；奋进，念念于心。顺势而进，乘势而上，总书记的教导正内化为精神追求、外化为自觉行动。

"水"是南通最鲜明的自然符号和人文标识，做好"水"这篇大文章，就是立足新发展阶段、贯彻新发展理念、构建新发展格局最为直接、最为实在、最为有效的行动。

望着习总书记远去的背影，留下的是执着不变的信念，生态优先，绿色发展，如春风送暖在江海大地永驻。

风雨多经人不老，关山初度路犹长。

适逢建党百年华诞，拿什么书写对党的忠诚？

聚焦活水畅流的日日夜夜，答案不言自明——争先豪情，克难勇气，科学态度，创新思维，实干作风。

这是用使命和担当书写的忠诚，

这是用智慧和力量书写的忠诚。

初心不变，忠诚不渝！

后记

2018 年 11 月 19 日，《人民日报》刊文，指出全国"黑臭水体整治任务十分艰巨，36 个重点城市中，有 18 个城市的整治任务完成率低于 50%"。在被点名曝光的 18 个城市中，南通竟赫然在列。

2020 年 7 月 6 日，人民日报头版刊登《铺就小康底色》，新华社发布《江苏南通：水清岸美产业兴》，赞扬南通"近年来，一场围绕生态保护和修复的绿色实践在江苏南通展开，黑臭水体变河畅水清，岸线腾退后还江于民，绿色产业蓬勃发展，群众的幸福感、获得感大大提升"。

2020 年 11 月 12 日，习近平总书记视察江苏，第一站就来到南通，兴致勃勃地沿着江边步行，仔细察看生态环境的保护情况。总书记深有感慨地对在场的干部群众说："这次我来调研长江经济带和长三角一体化发展，专门来看看这里的环境整治情况。过去脏乱差的地方，已经变成现在公园的绿化带，确实是沧桑巨变啊！这样的幸福生活，是你们亲手建设出来的，是大家一起奋斗出来的"。

2021年6月15日，中国国际发展知识中心举办第四期交流对话沙龙，主题是"河（湖）长制"——中国治理创新的地方实践，南通市河长制工作办公室副主任、水利局局长吴晓春应邀做了《用河长制"金钥匙"开启江河幸福之门》主题发言。

从被点名曝光到作为优秀案例对外推介，回顾总结南通治水的巨变以及由治水实践提炼出来的新时代南通治水精神，以供他人借鉴，以便自我鞭策。这就是编纂《问渠那得清如许》的初衷。

"争先豪情、克难勇气、科学态度、创新思维、实干作风"，这是南通市委倡导的新时代南通治水精神。这20个字，五句话，没有一句是别人没有说过的。为什么一样的话，能带来与众不同的果？在阅读既往的新闻报道、文件档案中，在现场采访及与治水人的交谈中，本书撰稿人强烈地感受到南通治水人的使命感和担当意识。是的，正是有了使命感和担当意识，他们让每一句话都落到实处，不敷衍，不玩虚。从市领导到责任部门，真想真抓真干，使"踏石留印，抓铁有痕"成为推进各项工作的"规定动作"，成为一种"工作常态"。

以书中说到的三个故事为例：

故事之一：为了给南通聘请治水专家，2018年8月的一天，时任市长后来升任书记的徐惠民，计划利用去省城开会经过苏州的途中登门拜访治水专家赵瑞龙。这天，偏偏遇上一个小事故，手臂被刮伤了，他连医院也没有去，一脚就把车开到赵瑞龙家。这个现代版的"三顾茅庐"，让纠结中的赵瑞龙被感动了，他不顾家庭困难，二话不说就跟随徐惠民来到南通。

故事之二：主城区治水取得成功后，如何在面上推广？2020年年初，水利局开始谋篇布局。这时，一场突如其来的新冠病毒，几乎使整个社会生活停摆。赵瑞龙被困在苏州出不来，吴晓春也走不出。疫情再大，工作也不能停顿。他们建了一个微信群，夜以继日地讨论这个话题，酝酿了"纲网联动、源水直达、大片独立、小片连通，统一调度，分级管理"的治水方案。2月，在全市召开的濠河提升及水环境治理现场指挥部会议上，时任书记徐惠民、市长王晖听取汇报后，当场拍板采纳，并写进市委"1号文件"。

故事之三：2021年5月13日上午9时4分，本书撰稿人黄俊生在《南通治水记》微信工作群，上传了两张照片，提醒"文峰公园拓扑处河面有油花漂浮，上游应该有排污口"，水利局副局长蔡莉秒答："我们请崇川区组织排查"。10时23分，蔡莉在群中回复："文峰一河（文峰饭店拓扑处）河面油花问题，上午经街道、社区、文峰饭店共同排查，已发现饭店一侧岸坡油花排放口（老管混接，间断性偶尔排放），马上封堵即可"，同时上传5张工作图片。10时48分，蔡莉回复："文峰一河（文峰饭店）已封堵完毕并持续观察效果"。随后，又补充说明："我们有一个主城区水质检测群，水利、生态环境、市政园林、崇川区、开发区市政、水利、各街道均在群内，全年无休，全天候备战，日夜都在发现问题、排查问题，联动处理问题"。

一个有使命感有担当意识的人，应该是一个不说大话，不说空话，不说假话的人；应该是一个经常自问"我是谁？责何在？怎么干？"的人；应该是一个知责于心，担责于身，履责于行，行胜于言的人。南通治水人就是这样的人。

在南通治水的全过程中，媒体的造势，以及对新时代南通治水精神的阐释与张扬，尤其是中央媒体、省级媒体的监督批评与鼓励肯定，在提升公众的参与意识，推进工作的顺利进展和政府集思广益正确决策等方面都起到了积极等独特的作用。这些报道也为本书提供了重要的资料来源。编者在此表示感谢。

本书由南通市老科技工作者协会宣传文化分会承接编纂，李昌森、黄俊生、曹璟如撰写初稿，何晓宁统稿，徐仁祥修订，南通市水利局审稿。

本书图片大多来自南通市水利局档案材料，由市水利局办公室提供，赵国庆、蒋美琪负责选择并根据内容补拍。

为本书搜集资料、审读初稿、联系采访的还有赵瑞龙、喻福涛，景安，吴晓春、蔡莉、赵建华、曹建华、周兴余、曹华、卢建均、吴海军、陈亚铭、沈波、施健，张建辉、邵雪军，刘燕锋、张俊华、李瑞新、丁盛、单东岳、张兵、包源源、邱旭东、曹慧蓉、王春燕、蒋美琪、宋亚昌、汤杰、章本林、管峰、许志刚、俞力彦、仇汉江、葛江华、徐茂东等。

治水是个动态过程，治水永远在路上，相对于已经完成和正在实施的工作，未来任重道远。南通治水人一定会在江海大地上谱写更加辉煌的篇章。

本书编写组

2022 年 7 月 26 日

图书在版编目（CIP）数据

问渠那得清如许：新时代南通治水精神实践 / "问渠那得清如许
——新时代南通治水精神实践"编写组编著.
--北京：外文出版社，2022.8
ISBN 978-7-119-12996-9

Ⅰ. ①问… Ⅱ. ①问… Ⅲ. ①水资源管理－研究－南通
Ⅳ. ①TV213.4

中国版本图书馆CIP数据核字(2022)第148906号

责任编辑：于晓欧
特邀编辑：徐仁祥
装帧设计：刘白皓
印刷监制：秦　蒙

问渠那得清如许
新时代南通治水精神实践

本书编写组

©2022 外文出版社有限责任公司
出 版 人：胡开敏
出版发行：外文出版社有限责任公司
地　　址：北京市西城区百万庄大街24号
邮政编码：100037

网　　址：http://www.flp.com.cn	电子邮箱：flp@cipg.org.cn	
电　　话：008610-68320579（总编室）	008610-68327750（版权部）	
008610-68995852（发行部）	008610-68996057（编辑部）	
印　　刷：三河市兴国印务有限公司	经　　销：新华书店/外文书店	

开　　本：889mm×1194mm 1/16
印　　张：19.75
字　　数：215千字
版　　次：2022年10月第1版第1次印刷
书　　号：ISBN 978-7-119-12996-9
定　　价：65.00元